城乡绿地系统关键技术构建丛书/谷　康　主编

城市公园
绿地布局
规划及实践

PLANNING AND PRACTICE OF
URBAN PARK GREEN SPACE

杨艺红　宋　磊
　　　　　　　　　◎著
朱春艳　谷　康

东南大学出版社
SOUTHEAST UNIVERSITY PRESS
·南京·

内容简介

本书立足于相关理论研究和具体实践成果,系统全面地研究挖掘基于服务可达性角度的城市公园绿地布局规划及实践。首先梳理了关于城市公园绿地以及其他的相关概念,总结国内外城市公园绿地布局的研究进展。在此背景和基础之上,对城市公园绿地布局系统认知与城市绿地景观风貌特征进行评价,从城市绿地系统视角下的公园绿地、公园绿地系统规划、公园布局规划、影响公园绿地服务水平的因素、评价方法逻辑构建、公园绿地均衡性评价等方面进行详尽的阐述和归纳,并以徐州市和扬州市为例,总结出中心城区公园绿地服务公平性可提升方向和优化策略,为相关研究提供理论基础和思路参考。

本书适合风景园林及相关专业的高校师生和从事风景园林规划设计工作的人员阅读参考。

图书在版编目(CIP)数据

城市公园绿地布局规划及实践 / 杨艺红等著. —南京：东南大学出版社,2024.6

(城乡绿地系统关键技术构建丛书 / 谷康主编)

ISBN 978-7-5766-1196-0

Ⅰ.①城… Ⅱ.①杨… Ⅲ.①城市公园-绿化规划-规划布局 Ⅳ.①TU985.12

中国国家版本馆 CIP 数据核字(2023)第 253318 号

责任编辑:宋华莉　　责任校对:张万莹　　封面设计:王　玥　　责任印制:周荣虎

城市公园绿地布局规划及实践

Chengshi Gongyuan Lüdi Buju Guihua Ji Shijian

著　　者	杨艺红　宋磊　朱春艳　谷康
出版发行	东南大学出版社
社　　址	南京四牌楼 2 号
出 版 人	白云飞
邮　　编	210096
网　　址	http://www.seupress.com
电子邮件	press@seupress.com
经　　销	全国各地新华书店
印　　刷	南京玉河印刷厂
开　　本	787 mm×1092 mm　1/16
印　　张	11.25
字　　数	300 千字
版　　次	2024 年 6 月第 1 版
印　　次	2024 年 6 月第 1 次印刷
书　　号	ISBN 978-7-5766-1196-0
定　　价	68.00 元

* 本社图书若有印装质量问题,请直接与营销部调换。电话(传真):025-83791830。

前　言

随着城市化的加速发展,人们对于公园绿地的需求越来越大,公园数量随之增多。因此,如何统筹布局公园绿地以达到城市可持续发展的目标,以及在公园质量与相互联系上如何做到满足生活需求和提高环境水平,成为时代发展的焦点。

公园绿地与城市居民联系紧密,其服务水平的差异对城市居民生活环境质量产生重要影响。城市居民经济生活水平的提升促使其需求类型层次逐渐向成长型需求转变,使其对公园绿地服务提出更高要求,这促使公园绿地服务水平评价应进一步完善以明确现状问题,进而提升公园绿地的服务水平。同时,当前城市绿地系统规划逐渐趋向科学合理化,但传统评价指标存在一定的局限性,因此,切实、有效地评价公园绿地现状服务水平以进行合理的针对性规划成为未来的发展导向。此外,伴随着服务型政府的转变以及相关国家政策的提出,强调以人为核心的规划导向,关注人的需求及评价,这对公园绿地的建设提出了新的要求。因此有必要在"以人为本"的思想下,探索切实有效的方法,完善对公园绿地服务水平的评价。

本书基于城市绿地系统规划视角下的公园布局规划研究,梳理公园发展的历史脉络,借鉴国内外建设经验,基于公园各分类的功能来探讨公园选址与配置模式,并从"自上而下"的宏观调节视角入手,结合城市土地利用与研究成果,总结城市公园布局规划的方法、技术应用、优缺点及其适用性。

笔者基于研究,从公园绿地服务质量、公园绿地服务空间公平性和公园绿地服务社会公平性三个维度对徐州市中心城区公园绿地服务进行评价分析,从公园绿地服务供给质量、公园绿地服务空间公平性和公园绿地服务社会公平性三个维度对扬州市中心城区公园绿地服务进行评价分析,并对三个维度常用的研究方法进行理总结,选择适用于本书研究的方法。笔者在研究公园绿地服务供给质量方面,确定了服务质量的评价指标。采用实地走访调研,并结合问卷调查的方式,对公园绿地的服务质量进行评价;并选取不同类型的公园绿地进行具体的服务质量评价。

针对市中心城区,对公园绿地的服务水平进行整体性的评价分析。首先,在公园绿地服务供给质量维度,采用资料整理及现场调研法,结合相关研究普遍运用的评价指标,对市中心城区公园绿地的供给质量进行分析。其次,在公园绿地服务公平性维度,分城市居民总体及社会特殊群体两个层面进行分析:在城市居民总体层面采用两步移动搜索法(two-step floating catchment area method,2SFCA)评价公园绿地服务的可达性,基于此计算公园绿地服务社区的面积比及人口比以衡量公园绿地的空间分配程度;针对老龄群体的公园绿地服务评价,基于两步移动搜索法(2SFCA)的分析结果,引入洛伦兹曲线、基尼系数、区位熵法计算老龄群体获取公园绿地服务的公平正义程度。最后,在城市居民满意度维度,采用问卷调查法,对问卷数据进行分析,深入挖掘城市居民的主观感受及其使用行为特征、满意度评价等。

在本书出版之际,在此衷心感谢江苏大学徐英老师、四川农业大学朱春艳老师的辛勤付出;感谢南京林业大学风景园林学院硕士研究生花雨婷、彭玉、高梦涵提供部分材料。另外,还要感谢课题合作伙伴们以及学生们,感谢他们对笔者的支持和帮助。

此外还要衷心感谢东南大学出版社的编辑及相关工作人员为本书顺利出版所付出的努力。

本书中所引相关研究成果与资料,如有侵权部分,涉及版权问题,请与笔者联系进行及时删除。

望读者指正批评,以便今后进行补充修改!

杨艺红

2023 年 8 月 15 日

目　录

1

1 国内外城市公园绿地布局研究概况

1.1 相关概念

1.1.1 公园绿地

国外对城市公园绿地的研究最早是基于城市空间布局理论,即通过绿地将城市划分为若干区域,探索城市布局结构中绿地、人、建筑之间的关系。随着 18 世纪西方工业革命的发展,城市化进程不断加快而污染却日益严重,人类对于美好生活的渴望使得城市公共开放空间应运而生,从而逐步形成区域尺度的公园系统。

1833 年起,英国为了应对工业化导致的卫生和健康问题开始重视城市的公园与基础设施建设,此阶段主要是针对单一公园的规划与建设。到 1885 年,奥姆斯特德(Frederick Law Olmsted)打造了波士顿公园体系,利用绿带将多个公园串联成整体,打破了传统单一公园的局限性,开启了公园系统新格局。19 世纪末期,埃比尼泽·霍华德(Ebenezer Howard)首先提出了"田园城市"的设计概念方法学,在《明日——真正改革的和平之路》一书中提出,要建立一座既有田园风格又有都市布局特征的理想都市,着重于园林绿化,强调城市生态,让人民可以在优良的自然生态条件下生活。霍华德根据当时城市生活条件的不佳,在城市规模、布局、结构、绿化和人口等方面采取了开拓性的规划思路,对西部城市的绿地形式进行了深刻的探讨[1]。1969 年,英国城市规划师麦克哈格(Lan Lennox McHarg)出版了《设计结合自然》一书,该书继承了霍华德和凯文·林奇(Kevin Lynch)的思想,为当时的景观规划树立了标杆。书中运用"人类学"和"生态规划"的方法,阐述了如何处理人居发展与自然的关系,为城市生态研究开辟了新的视角。上面提到的霍华德和麦克哈格的开创性研究,为日后生态公园城市的建立奠定了基础,促进了城市园林绿化和可持续发展理念的发展。20 世纪 90 年代后,查尔斯·瓦尔德海姆(Charles Waldheim)的"景观都市主义"使高度城市化地区实现了绿化和可持续发展,园林绿地的设计方法也得到创新。至此,公园绿地的规划逐渐融入城市总体规划,成为城市建设和居民生活中不可或缺的一部分。在国外公园绿地设计的发展体系中,城市绿地系统的问题往往伴随着对生态和景观格局的思考,通过生态城市规划方法不断塑造和优化城市形态。

中国对城市绿地的研究起步较晚。随着西方国家对中国租界的兴建,出现了许多不同的城市发展方式,例如德国租界时期的青岛园林,就是一个典型案例;上海法租界时期,西方人把欧美园林的设计理念引入了租界公园,把西方的园林理念也引入了东方园林的设计之中[2]。"花园城市"是西方许多国家园林绿化的重要概念,1919 年孙中山的儿子孙科在广州推行"花园都市",这一构想是由英国的城市规划者埃比尼泽·霍华德提出的"田园城市"概念发展而来的。霍华德着重指出,在人口稠密的地方兴建公园,都市内建设小规模花园,都市外开辟大规模园林,该思想启发了近代中国城市绿化设计和园林建设。1933 年,汉口市政府在城市规划中,考虑到城市的自然条件和发展状况,合理规划了 13 个公园绿地,使其在城市中的分布更加合理。到1934 年末,广州又增加了 10 个新的城市公园,全市的绿化面积居全国之首[3]。

从国内外公园不同的发展历程可以看出,从需要适应生活需求的公园,到需要改变城市居住环境的公园,再到现在需要提高生活品质的公园,公园的发展一直是被人民需要的。如何提升人们的生活品质和创造优美、可持续性的发展环境,已经不仅仅局限于单一公园建设,而是趋于从城市规划宏观角度入手,将公园绿地与居住生活、商业发展、交通旅游、河流水系等紧密结合。

1.1.2 城市游憩空间

1) 游憩的定义

Recreation(游憩)原意是"一种休闲或娱乐的方式"。学术界对游憩的标准定义存在争议。史密斯[4]认为,游憩在某种程度上包括旅游、娱乐、体育、游戏和文化现象。保继刚等[5]在《旅游地理学》一书中提出:游憩一般是指人们在闲暇时间进行的各种活动,可以恢复人们的体力和精力,它涵盖的范围很广,从在家看电视到去度假。俞晟[6]在其《城市旅游与城市游憩学》一书中认为,游憩是在离开住所的一定范围内进行的,能给行为人带来身心愉悦,有助于恢复其身心健康的合法行为。张汛翰[7]认为,游憩是指个人或团体在闲暇时间从事的任何活动。黄羊山[8]认为,游憩是在居住地发生的没有旅行而只是游玩(主要是观光、游览、户外娱乐、度假等)的过程,一般在 12 小时以内,有一定成本但不多,消费地和收入来源地相同。综上所述,笔者认为,游憩,简单来说就是你所生活的城市中的各种休闲活动。本书研究的城市游憩与城市旅游相关。游憩和旅游在某种程度上是相关的,但在本书中对其加以了区分。旅游是人们旅行和游玩的总和。黄羊山[8]指出,旅游是行为者在空间上发生位移的过程,即离开自己长期居住或工作的地方,到其他地方去观光游览,所以旅游的行为者一般是外来游客。而城市的市容市貌等特色景观,不仅仅是为外地游客服务的,更大程度上与当地居民的休闲生活有着密切的关系。因此,本书将城市游憩定义为依托城市公共设施和空间,以城市居民为主要游憩群体的人们在闲暇时间所实现的各种游憩活动。

2)城市游憩空间

城市游憩系统包括游憩活动和游憩空间两部分。其中,游憩活动的开展依赖于游憩空间的规划设计。吴必虎等人认为城市公共游憩空间是具有休息、交流、锻炼、娱乐、购物、观光、旅游等游憩功能的开放空间、建筑和设施[9],可由城市或郊区的休闲人士进入。笔者认为,城市绿地是城市游憩空间的最重要组成部分,是以政府投资为主的非营利性游憩空间,是居民游憩活动的最基本载体。

3)城市游憩空间的分类

吴必虎等人将城市公共游憩空间划分为面向本地居民与面向外来游客和本地居民两个基本服务群体,并提出了城市公共游憩空间的分类体系。其中,针对本地居民的服务群体包括城市公园、道路及沿街绿地与环境设施、大型城市绿地、文娱体育设施、半公共游憩空间五大类;面向外来游客和本地居民的服务群体涵盖城市步行空间,城市滨水游憩空间,文博教育空间,商业游憩空间与商业设施,城市特色建筑、构筑物,旅游景区(点)及设施六大类。其进一步将 11 个主要类别细分为 37 个主干类别和 38 个分支[9](表 1-1)。

表 1-1　城市公共游憩空间分类系统

服务组	主类	干类	支类
面向本地居民	城市公园	市、区级综合性公园 居住区公园 动物园 植物园 儿童公园 其他专类公园	市级公园、区级公园、体育公园、交通公园、雕塑公园、盆景公园、专类植物园
	道路及沿街绿地与环境设施	沿街小游园 道路红线内绿地 街旁绿地及设施	
	大型城市绿地	环城绿带(游憩带) 郊野公园 市内大型绿地 公墓陵园	
	文娱体育设施	文化娱乐场所 艺术剧场 体育场馆	工人文化宫、劳动人民文化宫、工人俱乐部、民族文化宫、青少年宫、地区文化馆、社会公益活动机构多功能剧场、歌舞剧场、话剧院、音乐厅、杂技厅、电影院
	半公共游憩空间	小区游憩空间 单位内部游憩空间	宅旁绿地、邻里游憩园、儿童游戏场、小区体育运动设施

（续表）

服务组	主类	干类	支类
面向外来游客和本地居民	城市步行空间	城市广场 步行街	交通集散广场、市政广场、市民广场、纪念性广场、商业步行街、步行林荫道
	城市滨水游憩空间	滨海游憩区 滨湖游憩区 滨江、河游憩区	
	文博教育空间	博物馆 展览馆 美术、艺术馆	
	商业游憩空间与商业设施	城市商务中心区 城市特色商业街区 食宿娱乐场所	
	城市特色建筑、构筑物	建筑综合体（群） 独立建筑	
	旅游景区（点）及设施	城市旅游公园 城市史迹旅游地 城市风景名胜区 旅游度假区（休疗养区） 宗教寺观 高尔夫球场	主题公园、名胜公园、野生动物园、水族馆（海洋公园）、观光农业园、游乐园、历史地段（街区）、纪念地、遗址

来源：吴必虎，董莉娜，唐子颖.公共游憩空间分类与属性研究[J].中国园林，2003，19(5)：48-50.

1.1.3　城市空间系统理论

系统科学理论由被誉为人文系统理论先驱者的路德维希·冯·贝塔朗菲(Ludwig Von Bertalanffy)提出，他最早对系统的研究是从生物学领域出发，指生命体在分解与合成的调节、内外环境信息的交换后形成的稳态的开放系统[10]。系统科学体现了多学科的综合性、多样性、交叉性特征，各个科学领域在还原分析方法揭示事物的本质与规律时，学者们逐渐注重整体论方法的应用，进而提出科学方法论应该走向系统方法论[11]。城市是一个综合交叉、复杂庞大的系统，涉及人口学、地理学、社会学、经济学、历史学、城市规划学、建筑学、生态学、风景园林学等诸多学科领域，城市系统的形成与城市内部运作机制的演进相联系[12]。城市空间系统包含了城市生态空间系统、城市物质空间系统、城市抽象空间系统等不同的复杂系统，是城市系统的一个重要子系统。

1.1.4 空间均衡理论

20世纪50年代,苏联学者克鲁格梁柯夫通过对公园绿地使用人数与住宅距离之间关系的研究,开启了对绿地布局模式的探讨,而可达性模型对交通、医疗、绿地等服务设施布局关系的研究,进一步推动了绿地公平性内涵在"空间均衡"维度的研究[13-14]。2015年,我国《生态文明体制改革总体方案》中首次提出要树立空间均衡理念,人口规模、产业结构、增长速度不能超出当地资源承载能力和环境容量[15]。城市空间要素的均衡性注重个体与群体之间的差异、空间分布的差异,而城市绿地的空间均衡理论即对绿地服务功能在不同使用群体之间存在的空间异化进行研究。

1.1.5 地理信息系统（GIS）

GIS主要用于地理空间数据的操作,地理空间数据包括空间数据和非空间数据两部分。空间数据是指通过坐标系及投影关系以点、线、面等要素来表示空间实体位置和拓扑关系的坐标系和投影关系;非空间数据是一种二维表,通过关系表存储和表示空间数据关系和属性,被称为属性数据,主要用于描述实体。GIS软件具有强大的空间分析功能,比如数理统计、网络分析模块等。GIS对于空间数据和非空间数据具有很好的储存功能,也可以进行图形编辑,如可以利用城市现状道路交通网络数据,绘制出城市道路交通图纸、现状道路交通等级图纸等。通过相关文献的阅读,可以发现在城市服务设施空间可达性研究发展过程中,GIS技术已成为目前可达性研究中最为重要的研究工具之一,因此将GIS技术用于城市公园绿地可达性的评价研究十分必要[16]。

1.1.6 可达性

在景观生态学的研究中,可达性被认为是景观对象可接近程度的大小,或者用来评价某些景观驱动因素的渗透和影响的空间分异特征。在公园绿地的研究中,可达性可以归纳为居民从城市某一地点出发,克服到达公园绿地的各种障碍,享有公共绿色资源权利的难易程度[17]。对于城市居民而言,是否可以便捷地到达公园是影响居民公园绿地使用的重要因素,可达性可以用来体现公园绿地提供服务潜力的水平[18]。目前,城市公园绿地质量指标评价多引用可达性作为补充,可达性可以为合理布局公园绿地提供科学依据,并进一步系统化和量化"服务半径"的概念。本书主要通过时间和距离成本来表达获取服务资源的空间可达性,以此来评价居民是否有平等的机会享受公园绿地的服务,主要考虑的是空间可达性和地点可达性,属于客观层面的可达性。

1.2　国外城市公园绿地布局相关研究综述

1.2.1　理论层面

西方城市规划理论和绿地规划理论随着社会发展和城市成长经历了一个不断演变的过程。中世纪的欧洲大部分城市都是封闭的,基本上是通过城墙、护城河和自然地形与乡村隔绝。城市布局紧凑密集,仅有少量私家庭院或宫廷花园。城市公共娱乐场所除了教堂广场、市场、街道,几乎没有供人休息的绿地。

1.2.2　制度层面

被誉为美国"景观之父"的奥姆斯特德提出了波士顿公园体系,引入了"公园系统"的概念,成为城市绿地系统的雏形,至今已有一百多年的历史了。霍华德提出的"田园城市"理论和实践深刻阐述了城乡结合发展模式的必要性和优越性,为城市的进一步发展提供了更广阔的空间。这种将城市与区域联系起来的规划思想促进了城市绿地系统规划理论的发展,导致了许多花园村、花园区、绿色城镇和新城镇的出现[20-23]。1933年,柯布西耶(Le Corbusier)在其倡导并主持的现代建筑国际会议上颁布了《雅典宪章》,提出居住、工作、娱乐和交通是城市的四大功能。帕特里克·格迪斯(Patrick Geddes)在《城市发展与演变的城市》一书中,根据自然区域的相关特征,提出了城市规划的基本框架。这种把城市放在地域自然背景中考虑的地域观和自然观,准确把握了绿地与城市空间结构的关系。受其影响和启发,芬兰建筑师沙里宁(Eliel Saarinen)提出了"有机疏散"理论,其核心思想是"日常活动的功能集中"和"这些集中点的有机分散"[24]。第二次世界大战后,世界各地城市的恢复和重建使城市再次得到大发展。旧城改造和新城开发不断涌现,人们对城市公园等各种绿地有了更深刻的认识。

1.3　国内城市公园绿地布局相关研究综述

1.3.1　理论方面

随着皇家园林面向公众开放,社会、经济与城市现代化迅猛发展,公园的内容不断丰富和成熟,已经成为城市宜居、宜业、宜游的重要空间载体。但在城市发展初期出现了生态环境恶化、公园绿地建设滞后等诸多问题。钱学森院士针对上述问题,提出了"山水城市"的规划构想,他强调利用生态作为"山水城市"的基底,让生态环境立足于城市规划之中,以山水环绕城市,使得居民生活在园林中,同时注重公园绿地布局分配的公平性。这一理论立足于人们的需要,注重将中国传统文化融入城市园林绿化的设计中,为中国未来的城市发展起到一定的引导作用。之后,以"山水城市"为导向的吴良镛院士,提出了以自然为黏合剂的"有机更新"理念,以园林与绿化相结合的方式,将不同类型的城市空间融为一体。中国绿地系统规划起步较晚,改革开放后,城市绿地系统规划建设工作被提上日程。1990 年 4 月 1 日起施行的《中华人民共和国城市规划法》,要求将城市绿地系统规划列为城市总体规划下属的专项规划;1992 年国务院颁布的《城市绿化条例》也指出,政府应当组织城市规划行政主管部门和绿化行政主管部门等共同编制城市绿化规划;20 世纪 90 年代起,在全国范围内开展了园林城市评选工作,将城市绿地系统规划工作作为考核园林城市的标准之一;2002 年,建设部颁发了《城市绿地系统规划编制纲要(试行)》,从此城市绿地系统规划的编制有章可循。

1.3.2　实践方面

1919 年孙中山的儿子孙科在广州推行"花园都市",这一构想源于英国的城市规划者埃比尼泽·霍华德提出的"田园城市"概念。霍华德着重指出,在人口稠密的地方兴建公园,都市内建设小规模花园,都市外开辟大规模园林,该思想启发了近代中国城市绿化设计和园林建设。1933 年,汉口市政府在城市规划中,考虑到城市的自然条件和发展状况,合理规划了 13 个公园绿地,使其在城市中的分布更加合理。到 1934 年末,广州又增加了 10 个新的城市公园,全市的绿化面积居全国之首。

习近平主席在 2018 年提出建设"公园城市",强调"突出公园城市特色,充分考虑生态价值",逐步向"普惠性""系统性"发展,并将其纳入整个生态系统中,作为新时代城市园林绿化的一个关键环节。在当前"存量"规制的划时代背景下,开展了城市公园绿地的更新研究。可运用 GIS 软件来研究公园绿地的公平性分布,旨在提高公园绿地的使用效率和质量,其理论和方法可为我国园林绿化的发展提供有益的参考。王敏等[25]通过对城市公园绿地对人体健康的影响因素进行分析,认为在后疫情时期,应构建符合城市综合功能的"绿色生态"体系,以满足未来都市人群对"健康"的需求。

2 城市公园绿地布局系统认知与城市绿地景观风貌特征评价

2.1 城市绿地系统视角下的公园绿地

新时代国土空间规划体系下,绿地系统规划是市县级国土空间总体规划下的涉及绿地空间利用的专项规划,按编制主体(园林局或绿化局等)事权对应制定绿地要素管控规则[26]。《城市绿地规划标准》在强调各类空间用地规划的基础上,更需要站在宏观的市级国土空间规划层面上进行审视,使得城市绿地系统自上而下地进行统筹规划,这既是为了更好地实现城市绿地对上位连接与对下位规划的实践意义,也是为了更好地实现城市绿地规划的衔接性和可持续性,合理优化城市用地布局,丰富城市功能结构,促进区域绿色资源一体化发展。

《城市绿地分类标准》(CJJ/T 85—2017)中对公园绿地的定义是"向公众开放,以游憩为主要功能,兼具生态、景观、文教和应急避险等功能,有一定游憩和服务设施的绿地"。城市绿地作为城市开放空间最主要的部分,研究表明[27]城市绿地对于改善城市环境、降低和消除噪声、促进居民身心健康、帮助居民体验和接近自然以及促进社会的可持续发展都是非常有益的。大量研究表明,公园绿地是具有满足现实精神需求的重要景观功能,是城市绿地最典型的形态之一。城市绿地系统按照生产、生活、生态三大功能,保障城乡"三生空间"的规划,分为三大子系统,即生态保育子系统、风景游憩子系统和安全防护子系统。城市公园绿地主要属于风景游憩子系统,包括市域 EG1"风景游憩绿地"体系和城区 G1"公园绿地"体系[28]。城市景观娱乐子系统包括三类空间要素。其一,游憩节点,主要是点状绿地,常表现为单个公园绿地或小型绿地;其二,游憩绿廊,主要是带状绿色空间,有一定宽度的线性或类似绿色空间;其三,游憩绿区,主要是广阔的大面积绿地,或者由几个小的绿地聚集在一起形成的区域绿地。这三类空间要素对应着公园绿地的不同类型,体现公园绿地多形式多功能多层次的游憩系统。

2.2 公园绿地系统规划

2.2.1 公园绿地分类及特点

根据《城市绿地分类标准》(CJJ/T 85—2017),城市绿地分为公园绿地、防护绿地、广场用地、附属绿地和区域绿地五大类,其中公园绿地又分为综合公园、社区公园、专类公园和游园四类(表2-1)。综合公园是指在城市范围内,供市民游憩娱乐,具有丰富内容和完善的基础设施,适合开展各类娱乐户外活动且占地面积较大的综合性公园。社区公园主要为一定区域内的居民提供活动、娱乐、休憩的集中性绿色空间,以邻里社区居民为服务对象,占地面积不大但服务设施相对齐全。游园一般指规模较小,较为独立且方便市民到达的城市公园绿地,形式多样,以带状和街头绿地为主,具备一定的游憩娱乐和休闲文化功能[29]。

表 2-1 《城市绿地分类标准》(CJJ/T 85—2017)中公园绿地分类标准

G1	公园绿地	向公众开放,以游憩为主要功能,兼具生态、景观、文教和应急避险等功能,有一定游憩和服务设施的绿地	
G11	综合公园	内容丰富,适合开展各类户外活动,具有完善的游憩和配套管理服务设施的绿地	规模宜大于 10 hm²
G12	社区公园	用地独立,具有基本的游憩和服务设施,主要为一定社区范围内居民就近开展日常休闲活动服务的绿地	规模宜大于 1 hm²
G13	专类公园	具有特定内容或形式,有相应的游憩和服务设施的绿地	
G131	动物园	在人工饲养条件下,移地保护野生动物,进行动物饲养、繁殖等科学研究,并供科普、观赏、游憩等活动,具有良好设施和解说标识系统的绿地	
G132	植物园	进行植物科学研究、引种驯化、植物保护,并供观赏、游憩及科普等活动,具有良好设施和解说标识系统的绿地	
G133	历史名园	体现一定历史时期代表性的造园艺术,需要特别保护的园林	

（续表）

G134	遗址公园	以重要遗址及其背景环境为主形成的，在遗址保护和展示等方面具有示范意义，并具有文化、游憩等功能的绿地	
G135	游乐公园	单独设置，具有大型游乐设施，生态环境较好的绿地	绿化占地比例应大于或等于65％
G139	其他专类公园	除以上各种专类公园外，具有特定主题内容的绿地。主要包括儿童公园、体育健身公园、滨水公园、纪念性公园、雕塑公园以及位于城市建设用地内的风景名胜公园、城市湿地公园和森林公园等	绿化占地比例宜大于或等于65％
G14	游园	除以上各种公园绿地外，用地独立，规模较小或形状多样，方便居民就近进入，具有一定游憩功能的绿地	带状游园的宽度宜大于12 m；绿化占地比例应大于或等于65％

　　风景名胜区主要是指自然景观或人文景观相对集中的可供游人进行游览观赏、科研、活动的绿地，具备一定的服务设施。森林公园、湿地公园和郊野公园分别以森林资源、湿地生态资源和郊野自然景观为主要特征，都具备科普宣传、科学研究、生态保护、游览休憩等功能。其他风景游憩绿地是指除了上述以外的风景游憩绿地，如野生动植物园、遗址公园、地质公园等，见表2-2。

表2-2　《城市绿地分类标准》(CJJ/T 85—2017)中风景游憩绿地分类标准

EG1		风景游憩绿地	自然环境良好，向公众开放，以休闲游憩、旅游观光、娱乐健身、科学考察等为主要功能，具备游憩和服务设施的绿地
	EG11	风景名胜区	经相关主管部门批准设立，具有观赏、文化或者科学价值，自然景观、人文景观比较集中，环境优美，可供人们游览或者进行科学、文化活动的区域
	EG12	森林公园	具有一定规模，且自然风景优美的森林地域，可供人们进行游憩或科学、文化、教育活动的绿地
	EG13	湿地公园	以良好的湿地生态环境和多样化的湿地景观资源为基础，具有生态保护、科普教育、湿地研究、生态休闲等多种功能，具备游憩和服务设施的绿地
	EG14	郊野公园	位于城区边缘，有一定规模、以郊野自然景观为主，具有亲近自然、游憩休闲、科普教育等功能，具备必要服务设施的绿地
	EG19	其他风景游憩绿地	除上述外的风景游憩绿地，主要包括野生动植物园、遗址公园、地质公园等

2.2.2　公园服务范围

公园绿地为城市居民提供方便安全、舒适优美的休闲娱乐环境。公平性和可达性是评估公园绿地布局是否合理的重要依据,因此,公园绿地的布局应尽可能实现居住用地范围内 500 m 服务半径全覆盖。

我国不同地区的公园绿地建设实践和国内外相关理论表明,居民步行到公园绿地的距离不超过 500 m 符合便利性和可及性的原则。综合公园的区级公园服务半径为 1～1.5 km,步行 10～15 min 可达,乘坐公共交通工具 10～15 min 可达。市级公园的服务半径为 2～3 km,步行 30～50 min 可达,乘坐公共交通工具 10～20 min 可达。《国家园林城市评选标准》规定:"城市公共绿地布局合理,分布均匀,服务半径达到 500 米(1 000 平方米以上公园绿地)的要求。"根据《公园设计规范》(GB 51192—2016)的行业标准,社区公园的建筑面积不得少于 0.5 hm²,同时考虑到服务半径 500 m 范围内的居民人数。在已划定的历史文化街区范围内,由于其规模不大,分布不够密集,因此,在保留原有的历史风貌和保存原有建筑肌理的前提下,可以将绿化面积缩减到 1 000 m²,将服务半径缩小到 300 m[30]。

2.2.3　城市公园用地选址

根据城市总体规划、城市绿地系统规划、公园规划等相关规划,从城市和环境调节的角度出发,通过全面分析和科学研究确定公园的性质、规模和功能布局,同时对现有公园进行改建或重建。选择现有的公园、苗圃或现有的森林、果园等,扩大、丰富、改善或改造它们[31]。

充分选择城市独特的地形地貌和河湖地段,利用河畔和湖泊周边,打造带状和环状公园绿地。因地制宜,充分考虑自然条件、地理位置、地形地貌、气候特点等因素。城市公园应该充分利用现有的林地和绿地,对其进行扩大、充实、改造,可以增加约 30% 的土地面积作为公园用地。

选择名胜古迹、革命遗址等地。考虑历史文脉的延续,以传统建筑、街区和植物等为基础元素,体现地方特色,营造环境氛围。

结合旧城改造,为周边居民提供更多的就业机会和更好的生活环境,这对改善周边社区环境和提高城市质量起到积极作用。

最大限度地利用街头小块用地,"见缝插绿"地开辟各种小公园。根据绿地资源的分布特点,科学规划绿地布局,合理分配各种庭院建筑和辅助设施,最大限度地利用边角地、老旧住宅空地和其他闲置空间,实行绿地建设,满足群众的娱乐需求[31]。

针对不同的服务对象,除满足基本的生活需要之外,也为不同年龄、不同爱好的人提供特殊的服务。只有这样,才能使公园绿地更好地融入人们的日常生活中,让人们可以选择主题与功能适宜的公园。

2.2.4 公园绿地系统的配置类型

城市公园绿地的规划布局是影响城市发展的关键因素之一。根据国内外有关公园绿地系统的理论规划与建设发展的历程来看,可以将其分为六类[32]。

(1)分散式。分散的公园绿地在城市中的分布比较均衡。这种方式既方便了居民的使用,提高居民的使用效率,又能有效地改善当地的小气候,丰富周边居民的生活。然而,由于公园绿地的分布较为分散,彼此间缺乏联系,因此其空间分布较为零散,无法形成一套完整的公园绿地系统。

(2)联络式。联络式是指城市园林与城市路网、河湖、山体等带状空间相联系,使城市园林、绿地成为一个有机的整体,在城市内部形成一个绿色的纵贯网络。这些系统之间的联系极为紧密,可以更好地体现出一座城市的艺术风貌,使其周围充满了绿色。其不足之处在于,其主要以直线带状的空间为主,缺乏平面式的大型综合性公园。

(3)环状绿地带形式。它利用原有的老城墙、护城河等资源,将城市用地与周围的绿地隔离开来,有效地遏制了城市用地的无序扩展。这些环形绿地对城市的生态环境优化起到了很大的促进作用,但是环形绿带的分割,导致城市内外缺乏联系,给人们的生活带来了极大的不便。

(4)放射状绿地形式。放射状绿地是从城市中心向四周辐射分布,可以促进公园及其周边区域的快速发展,同时也能改善城市的生态环境,营造舒适宜居的气候,打造出一种别具风格的城市景观。

(5)放射状环式。它是放射式和环状式的结合,形成优势互补、强强联合的局面,可以形成一种理想的城市公园绿地体系,达到最佳的绿化效果。

(6)分离式。若城市中心区存在河流、湖泊、大体量山丘等不可穿越的天然屏障,则城市往往采取分隔的方式,例如与自然河流、湖泊平行的建造方式。这种模式在很大程度上受到了自然因素的影响，不能形成一个合理、完整的体系。

2.2.5 公园绿地系统的级配模式

通过对现有公园的精细优化和改造，城市公园—区域公园—社区公园体系将进一步完善。利用城市道路、特色道路和小巷、滨水岸线等，连接市内重要公共空间节点（商业区、住宅区等），建设城市公园—区域公园—社区公园三级游憩公园网络[33]。充分利用土地，以公园绿地和城市公共开放空间为基础，以办公、商业、城市为核心，以空间形态为界限，体现多功能、复杂性、效率性等特点，实现多元化、生态化两种用途。城市绿地系统的规划是一个逐步、动态、精细的调控过程，系统内部的合理布局使系统的内涵得到优化、由"目标"主导转向"阶段"进程，通过统筹周边城镇的土地属性，推动绿地系统与城镇空间结构的集约化、协调化，实现城市绿地系统、资源环境、社会经济协调发展。

不同的城市纹理和不同的生态环境在城市形态中产生不同的效果，从而形成相应的城市景观模式。城市的形态也在发生着变化，从单一的开发布局开始，通过复杂、综合、动态的景观布局方式，逐步向多元的形式融合，最终形成了一个全新的空间分布格局。公园绿地系统随着城市形态的发展，也逐渐从单一的模式向类型多样、布局完善、功能全面的方向转变[34]。不同层次和不同类型公园的合理空间规划，使市内公园绿地形成体系网络，充分发挥了公园绿地的综合价值。具体的表现为：基于现有的公园绿地系统，我们将小的点状公园（社区公园、游乐场）和大的面状公园（综合公园、特别公园）视为一个整体，从城市的尺度上衡量和规划各类公园的空间分布，利用带状空间形成绿色走廊，通过公园类型的多元化配置、生态化的综合布局，使城市形成一种功能合理、布局均衡的公园绿地系统，形成科学性和人性化相结合的公园级配模式。不同类型的公园，在功能上相互补充、在空间上相互协调、在效益上相得益彰，共同打造高品质的公园城市[35]。

2.3 公园布局规划

关于公园绿地,新市区应该均衡布局,老城区应该集中控制。公园的分区、分类和分层是公园系统规划的重要层次,是构建完整的区域生态系统和内容的重要组成部分,使得各个层次的公园之间的功能协调并相互配合。公园系统的规划要考虑城市、区域、社区的分层规划,综合公园、社区公园与游园、专类公园等的横向分类规划,还应考虑以休闲游憩供求为基础[36]的游憩型公园,以达到集约调控、整合优化的目的。

在国土宏观尺度上,远离城市实体地域的广域生态空间,突出生态用地景观美学价值,建立以国家公园为主体的自然保护区体系,调整优化国家公园、自然保护区和各类自然公园布局。

在区域中观尺度上,城市与城市之间的乡域地区,主动将邻近城市的山、水、林、田等生态绿地引入城市内部空间,依托半自然的农业生产空间,以城市周边广泛分布的美丽田园地带和乡村公园为出发点,引导城市居民的休闲、游憩、消费体验向以田园风光为主的乡域地区下沉与延伸[37]。

城市内部空间在城市微观尺度上是与日常生活紧密相连的空间。通过公园与城市建筑、街区、各种功能区的有机结合,构建半自然的人工生态系统,打造"城在园中"的优良人居环境。

2.3.1 方法

目前,关于中国城市公园绿地空间分布的研究方法已经比较丰富,本书主要进行基于可达性、环境公平、不同使用者、人群健康、生态安全、景观生态服务过程、场所依恋的城市公园绿地空间布局研究,公园绿地使用状况评价等八个方面的归类。

1)基于可达性的城市公园绿地空间布局研究

可达性是指人们对服务设施或活动的渴望与能力的量化表现,一般体现在交通与土地利用规划的目的上。利用公园的可达性,可以从空间分布的角度来判断其服务水准,而这会对它的正常运作产生很大的影响,进而影响到它的效能。空间可达性的研究在 3S 技术推广之后进入了快速发展的阶段,各类研究人员通过数据进行定量分析,对空间可达性进行不同角度的研究[38]。可达性是公园规划和布局的主要方式,它是以距离、时间等指标来衡量城市绿地为居民提供服务的可能性或潜在价值[39]。

随着人们对可达性的理解越来越深入,评价城市公园和绿地可达性的手段也越来越丰富。常用的研究方法有六个类别:统计指标法、缓冲区分析法、费用加权距离法、最小临近距离法、网络分析法、空间句法理论分析法。由可达性研究延伸出不同方面的均衡性分析,主要包括人口分布、地区居民需求、种族/民族、文化水平和社会经济、老人和儿童等[40]。均衡分析方法主要包括建立回归模型和地理空间加权回归模型,绘制洛伦兹曲线,计算基尼系数和位置熵[37]。城市公园空间可达性的影响因素概括为以下几个方面[41]。

(1)道路交通网络。道路交通网络是城市空间可达性最直接的影响因素,其路径是空间实体到达目的地所必需的。实际上,出行过程的路径需要各种等级的城市道路交通。道路交通网络对可达性的影响因素主要与道路上的实际阻力和城市道路网的完成程度有关,一般来说,连接公园的路径越短,到达公园所需的时间越短,公园的可达性越高。

(2)出行交通方式。居民可以通过交通网和道路到达市内的公园,在旅行中可以利用各种各样的交通手段。不同的交通工具在不同的行驶速度下,进入公园的过程中阻值不同,对公园的可达性覆盖率有很大影响。随着城市交通系统的多样化发展,可以提供更多的运输方式,更加高效地利用公园的空间。

(3)公园自身吸引力。根据实际情况,公园绿地本身的吸引力对不同居民的影响力各不相同。主要内容有:自然环境条件、主题文化内涵、基本服务设施等。通常来说,公园本身越有吸引力,就会有越多的人来这里娱乐,便有越多的人利用公园的绿地与服务设施,则越能提高公园的使用率。

(4)距离与时间。公园的可达性根据公园服务的半径来评价,出发点越靠近公园,交通工具越简单,越容易到达。但是,需要充分考虑实际道路交通的影响。空间距离的长度不足以说明可达性的状态,必须根据城市居民的位置到公园绿地的实际移动距离来判断。

2)基于环境公平的城市公园绿地空间布局研究

环境公平包括权利公平、机会公平和规则公平。追求社会公平是社会主义核心价值观的重要组成部分,也是建设更加美好的中国、建设公园城市的必然要求。城市公园和绿地是城市公共服务的重要资源,市民对其享有同等的权利和利益。然而,空间上的差异、不同群体的不同使用习惯以及其他因素,造成了公园绿地在实际应用中的不公平。资源空间供给与人群需求不匹配也是社会不公平的表现[42]。目前分析环境公平性的方法有利用洛伦兹曲线、基尼系数评价城市绿地分布的公平性,采用区位熵研究城市公园绿地与人口的空间匹配问题,利用份额指数法来对城市的公共绿地社会正义绩效进行总体评价[43]。

环境公平是发达国家和发展中国家共同关注的一个重要问题。这一不平等表现为：从不同群体到公园绿地的距离的差异，以及不同群体所享受的公园绿地的面积和设施的差异。目前，我国公园绿地从环境公平性角度看，还存在着总体服务水平较低、人均公园绿地资源有待改善等问题。其中，公园绿地资源的分布仍在不同群体之间存在差异，其中社会经济地位高的群体，其公园绿地资源的分布更广，而低端从业者、老年人和青少年属于弱势群体[42]。

（1）收入水平不同的居民进入公园绿地的时间与可达性之间存在着明显的差别，高收入社区居民的公园绿地可达率高于城镇边缘地区的低收入居民，其可达性空间分布表现出明显的不公平现象。

（2）存在高收入社区公园面积供给较大，低收入社区公园面积供给较小的空间分布不平均格局；不同居民小区 30 min 内可访问的公园绿地面积分布不均衡，也存在明显的不公平现象。

（3）居住社区最邻近公园绿地的质量呈普遍的"核心—周边"分布格局，从核心到边缘呈快速下降趋势。研究表明，通过空间自相关分析得到的莫兰指数存在显著的集聚分布特征（即高高集聚区呈团簇状分布在高质量公园附近，低低集聚区主要分布在研究区外围），高收入社区拥有质量更高的公园绿地，而低收入社区则拥有质量更低的公园绿地，说明区域内的绿化质量不均衡。

3）基于不同使用者的城市公园绿地空间布局研究

公园绿地的布局要与社区居民的需求相协调、相均衡。在国外，由于社会、历史、文化因素的不同，公园绿地的使用群体也不同，以黑人、西班牙裔、亚裔、拉美裔、土著群体为主要研究对象；在我国，城市公园绿地利用的问题多表现在人群收入差异、户籍差异、年龄差异和性别差异等几个方面[44]。

从使用者的视角，综合评估公园空间布局、设施使用等，全面掌握公园的服务指标，建立系统全面的满意度评估测评，利用访客评分和专业价值分配，实现公园的总体使用后评估，并结合实地调查方法来提供关于低满意度地区问题的反馈。在调查过程中，经常采用模糊的综合评价方法，并与游客满意度相结合，以获取影响游客满意度的重要因素，并运用 IPA 模型对第三象限中的弱势因素进行优化[44]。

4）基于人群健康的城市公园绿地空间布局研究

人群健康在某种意义上可作为生理和心理以及社会功能整体上协调运作的最佳状态。

（1）整体性，城市公园绿地设计要尽可能与城市规划接轨，避免过多的开发费用使用。这在保护生态环境方面起到一定的作用。结合城市交通的实际情况,在城市公园绿地统筹规划中,统筹城市设计和公园建设,特别注重点状绿地和带状绿地的设置,通过点、线、面组合,打造更系统的结构布局,贯彻城市互通的公园绿地空间体系。

(2) 科学地说,在城市公园绿地建设的具体项目中,公园绿地面积应考虑到环境和土地利用的性质,因此,不可能在公园内大规模建设绿地。公园绿地的设计和建设必须符合可持续性和科学性原则以及学术性质,且它与城市的创新趋势和公共服务空间的具体规模密切相关。借助科学的理念,可以精确调整绿地面积,定义公园;规范园区景观质量,提高绿地建设服务质量。考虑到已建城市,为了保证公园绿地建设的便利性,公园绿地的可达性指标应与道路网络密度和用户群体相结合。对于需要建设的城市地区,需要探索增加绿地总面积的方法,从而提高公园绿地的整体服务质量。

(3) 城市公园绿地的建设和设计应考虑到行政区域的自然生态环境、人口密度指标和服务功能,并根据当地条件进行公园绿地规划。根据园区的性质和不同行政区域的服务效率,绿地的具体建设要结合区域发展的具体情况,明确目标园区的结构。此外,在绿地建设过程中,应将自然景观与人文魅力相结合,各类城市公园绿地应包含相应的结构技术,以全面展示建筑质量。在具体选择树种时,应优先选择当地树种,避免树种选择对自然环境的破坏性影响,强调当地条件的作用,全面规划好城市公园和绿地。

5) 基于生态安全的城市公园绿地空间布局研究

生态安全的内涵主要包括以下两个方面:一方面,生态系统内部各要素的空间调整和平衡,时间尺度上的可持续性和动态适应性;另一方面,主要是人类的社会需求和生态系统提供服务的能力之间的协调和平衡。布局指的是对事物进行全面的计划和安排。因此,城市绿地的布局主要是对市内各种类型的绿地进行规划和布置,形成完整、系统的格局网络,并根据格局网络使各种绿地的位置和规模相匹配。基于生态安全的绿地布局强调绿地"约束+供给",主要建立"城市外部生态保育绿地—防护绿地—城市内部公园绿地"的城市公园绿地网络,主要针对片区性综合(山体)公园、社区公园、游园进行布局。

作为城市用地的重要组成部分,城市公园绿地具有生态保护、社会服务、文化传承等多重作用,在生态安全保障的完善和维护方面发挥着非常重要的作用。结合相关文献,我们认为城市安全与城市公园绿地之间存在相互依存关系,区域生态安全直接或间接影响城市绿地布局,城市用地布局的合理性与科学性程度,也在一定程度上影响着城市生态安全。因此,以生态理论为基础,从城市生态安全入手,构建生态安全格局,对引导城市绿地布局将起到积极的指导作用。

(1)基于生态安全格局基础上的城市建设用地评估。生态安全格局的建立对城市建设用地的选择和评估具有重要的导向作用。低生态安全水平区域是城市规划中必须严密管理的区域,中、高生态安全水平区域是城市可根据人口和经济发展建设用地的需要适当实施特定开发建设的区域,其中,中等生态安全水平区域作为低生态和高生态之间的过渡区,具有重要的生态缓冲作用。作为具有生态保护、防灾减灾、休闲娱乐等综合功能的土地,城市绿地具有生态保护和休闲娱乐双重属性,并具有生态安全模式。可根据不同的安全等级,配置不同类型的绿地,达到生态保护和提供休闲娱乐等多重目的。

(2)对城市重要的绿色生态空间进行识别与规划管控。新版本的绿地分类标准需要基于"城市绿色生态空间"的视角对"绿地"进行重新理解,可见城市绿地所承担的使命和功能正在逐渐复合化。应该从生态过程入手,根据城市所面临的生态问题确定相应的指标体系,对区域重要的生态空间进行识别,并提出生态控制线划定方案和分级分类管控措施,最大化发挥城市绿地生态作用。

(3)从区域生态安全角度建构地域化的城市绿地结构网络。传统意义上的绿地仅限于市区的绿地。生态文明概念下的绿地布局应从自然山水资源和区域生态安全保障的角度进行,通过借鉴景观生态学的"基质—斑块—廊道"理论,构筑城乡一体化的城市绿地结构网络,达到集生态维稳、防护隔离、游憩休闲于一体的多层次、多功能复合型绿地结构层次。

(4)建立基于生态安全格局与绿地结构之下的绿地布局。通过建立生态安全格局,科学评估城市建设基础,从区域整体角度建立多维度绿地结构网络,根据居民生活需求,依据相关绿地布局模型,对各类绿地空间进行位置选址与规模测算,达到绿地生态约束和休闲供给的双重目的。

6)基于景观生态服务过程的城市公园绿地生态空间结构优化研究

在景观生态服务过程分析视角下,制定生态空间结构优化目标和空间调控模式,可以实现在现有的景观自然系统条件限制下,提高生态空间景观生态服务实际有效水平,最大程度降低资源耗竭、环境污染、温室效应、暴雨洪水等生态环境问题对城市空间正常运转及其可持续发展的负面影响。

基于景观生态服务过程的生态空间结构优化,其内涵是从空间上对生态空间结构关键性组成部分内在自然属性和格局属性进行调整、修复或整合,促使生态空间结构关键性组成部分彼此之间形成一种保障景观生态服务过程有序进行的组织方式和秩序。生态空间结构优化组织方式和秩序决定了景观生态服务过程是否得以顺利维持、景观生态服务是否实现高效供给，进而最终反映城市生态空间规划与调控成功与否。

依据景观生态规划研究内涵，确定基于景观生态服务过程的生态空间结构优化研究的关键性问题及流程：

其一，分析生态空间结构与景观生态服务过程的关联关系，反映为生态空间结构识别及特征解析。

其二，评价生态空间结构对景观生态服务过程的支撑情况，反映为生态空间结构服务绩效水平。

其三，分析基于生态空间结构服务绩效的优势及不足，提出生态空间结构优化方案。

7）基于场所依恋的城市公园绿地空间布局研究

场所依恋描述人与场所相互作用的积极状态，是相互作用的人与空间场所之间特定心理联系的表现，其内涵包括互动过程中所衍生出来的情感、行为、认知三种成分。目前，"场所依恋理论"主要基于应用实践过程中的因果关系产生了两种研究价值，在研究人与公共空间的相互作用方面具有非常重要的实践应用价值[45]。

（1）探讨人与空间互动关系的前因。场所依恋理论可以通过实验设计、量化分析研究，来探讨使用者场所依恋的影响变量，为揭示人与空间互动关系的前因提供研究的手段途径。已有的研究成果表明，影响使用者"场所依恋"形成的前因包含多个方面，根据斯卡内尔（Scannell）的归纳和总结所提出的"person-process-place"（PPP）三维机理框架，可以将影响的前因划分为人、过程、场所三个部分，其中人包含了个体和团体两种部分，过程则包含人与空间互动的具体情感、认知以及行为方式，而场所则包含了文化和物理环境。关于公共空间，场所依恋理论所讨论的人与空间相互作用的先例，为当前的公共空间研究带来了新的视角，可以完善和补充现有的空间分析方法体系。

（2）探讨人与空间互动关系的后果。通过使用者的场所依恋反应，讨论了人们的情绪、行为状态和空间相互作用的影响，揭示了场所依恋的形成对人与空间相互作用的积极影响。已有的研究成果表明，"场所依恋"的建立对于人的生理和心理健康有着重要保障，并且能促使人对空间满意度和忠诚度的提升，增加人对于空间环境的亲近行为，有助于空间环境的管理能够有效综合自下而上与自上而下两种方式，增强人们与空间的情感联系，帮助建立属于当地文化的自信。对于公共空间而言，对场所的依恋关系是根据城市公共空间建设目的的发展趋势，探索人和空间相互作用的结果，能解决城市因全球化而导致的地域文化信任丧失的问题，促进公共空间的特征价值发展。

8) 公园绿地使用状况评价(Post Occupancy Evaluation, POE)

使用状况评价是对原本构建的环境的评价,其具体含义是,在计划和设计项目完成后的一段时间内,收集用户对项目使用的评价数据,以了解用户对目标项目的满意度。

目前,越来越多的学者关注城市公园的 POE 应用,研究对象不再局限于建筑设计领域。为了确定公园的实际情况,收集数据和实地考察的方法通常是调查不同种族、性别、收入和其他因素对城市公园使用者的影响,衡量公园的使用和价值,以及大多数公园的规划布局。近年来,越来越多的学者选用 POE 方法对公园进行评价[46]。

使用状况评价的方法主要是针对数据收集,按数据采集的方法来分,有如下 10 类:

(1) 问卷法。也就是通过问卷收集用户意见、态度、行为等方面的资料,对其进行评价。问卷调查是一种基本的社会调查方法,它是指在调查中采用统一的调查问卷,询问被选择的被调查者的信息,或者征求他们的意见。调查问卷分为封闭型和开放型。

(2) 访问法。访谈调查是一种社会调查方法,它是指在访谈中,与访谈对象进行系统的沟通,以获得其对评估结果的反馈,或对相关问题进行研究。

(3) 行为观察法。研究者依据研究课题的需求,有目的、有计划地运用工具,对被试者进行直接的检查,以主动地理解自然条件下的用户行为现象。行为观察分为三种:行为地图观察、非参与观察、摄像重点观察。

(4) 参与性观察。研究人员加入被观察的人群,成为他们中的一部分,利用自己的感官,以被观察者的身份来直接搜集相关信息。

(5) 量表法。它通过量表测量和收集用户的态度并进行评估,包括语义差别法(Semantics Disambiguation Method, SD 法)、李克特量表等。例如,SD 法就是利用"言语"的量表进行心理测试,对用户的评估意见进行量化的记录。

(6) 准实验法。因为实验是在真实的建筑环境下进行的,所以很难对其进行控制。准实验法不设控制组,只提供一个假设,并通过实验小组来研究使用者的行为与心理。

(7) 影像分析法。它是让评估对象与心理情境形象相结合,对比、评估研究人员所拍的影像与相片,从而认识在主观意识中所处的景观环境的好坏。

(8) 认知地图法。研究人员和用户进行长期的谈话,以引导他们对理想场地的看法,让他们描述、定位、绘制素描和假定旅行,这样就能了解一个地方的形象和可辨认的程度。

（9）行为痕迹分析法。研究人员在参观公园时，会对周围环境中的人的活动轨迹和线索进行细致的观察（比如，在长凳边的果皮、烟头），然后用符号标注。当无法直接观察到行为时，这些痕迹可以帮助研究人员了解周围的环境。

（10）文档资料分析法。通过对文献中的具体信息进行分析、研究，以了解当时当地的风俗、文化、生活习惯和发展的趋势，并对建设中的人们的思想、感情、态度、行为习惯等进行分析，掌握场地以及建设中的人们的资料背景。文献数据的分析分为定性和定量两种。

2.3.2　技术应用

在分析现有的公园布局以及规划未来的绿地方面，随着科学技术的进步与发展，越来越多的研究者运用各类软件对数据进行分析和处理，更加高效便捷地给出准确的分析，从而更好地指导公园布局规划，对现有的问题提出合理准确的意见。对于新技术的运用，主要有以下几个方面。一是利用 GIS 技术[47]，应用整体空间与局部斑块的关联角度，通过景观格局研究切实地将城市公园绿地的空间布局进行遥感解译与指标分析，较为直观清晰地认识到整个城市中公园绿地的数量、分布以及布局结构问题等情况，主要包含景观格局分析、空间可达性分析、生态敏感性评价和绿地景观效益分析。二是基于句法软件 Depthmap[46]，建立城市道路网络的区域空间模型，研究分析城市路网的承载力、穿行力与连通性。三是基于 SPSS 软件平台[48]，分析地理数据、人口数据、调查问卷等，综合处理数据。四是建立网络分析法模型[49]，利用综合缓冲分析法和费用加权距离法，以某种交通方式为基础计算公园绿地在某一阻力值下覆盖的范围。五是采用 Poor Obfuscation Implementation(POI)方法[44]，能够表达城市各类设施聚集的空间特征，在一定程度上反映出城市空间的微观细节信息，相比人口密度，POI 更能反映居民日常活动密集的区域。将可达性与 POI 密度有机结合、交叉对比分析，能更完整、精确地识别和分析城市空间结构的特点和发展趋势，辨别缺少或需要提高公园服务的区域。新技术量化城市的实践研究还有很多，如利用移动信息数据定位人群活动轨迹、通过兴趣点数据分析城市业态分布、计算机深度学习识别城市绿化度、数字高程模型和归一化指数量化植被覆盖率等。

2.3.3　相关研究与技术路线

一是基于多源数据的城市公园绿地有机更新研究[36]。该研究根据公园绿地布局的多源数据评估，运用 ArcGIS 建立一个以交通范围可达性为基准的最佳规划方案和最大的基础设施覆盖模式,并结合百度热能地图对城市居民的生活质量进行分析,在城市绿地不均衡的区域内对周边的绿化进行更新。同时,在问卷的基础上,结合市民、游客的意见对城市公园的绿化品质进行评估,并运用 SPSS 软件对城市公园的优势、劣势进行综合分析,并在此基础上,给出了公园绿化的优化设计与指导(图2-1)。最后,以城市多源数据为基础,把理论和数据相结合,提出扎实推进城市生态空间的更新,以及推动园林绿化的高质量发展的结论。

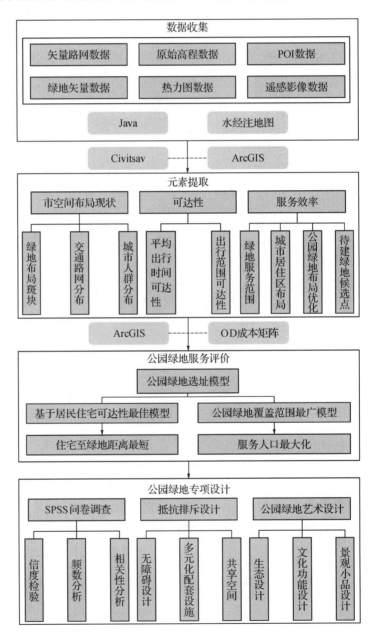

图 2-1　基于多源数据的城市公园绿地有机更新研究技术路线
图片来源:作者自绘

　　二是基于 GIS 和空间句法的城市公园绿地系统规划研究[35]。该研究采用 GIS 技术和空间句法分析技术,以城市地区为研究对象,通过对各地区的遥感图像进行目视分析和判读,获取其分类信息示意图,构建城市公园绿地信息数据库。利用 GIS 技术对公园绿地进行定量和空间句法模型的分析,提出了目前存在的问题和最优策略,并据此构造和规划了公园绿地体系。通过分析城市公园绿地的斑块数量、面积、密度以及相关景观指标,对公园绿地在城市的整体空间结构中的均衡性与协调性进行评价,从而优化城市居民和公园绿地空间之间的良好关系。利用句法软件 Depthmap 构建城市道路网络的区域模型,对其承载力、穿透力和连接度进行了研究,以便更好地反映城市结构、交通网络和人类活动的耦合关系(图 2-2)。通过对城市道路一体化程度和公园绿地空间的整合程度的分析,得出了居民到达公园所需花费的时间和距离等的差别,并进一步确定了在一定区域内公园绿地空间利用的便利程度,也就是对公园绿地空间的可达性程度进行判定。

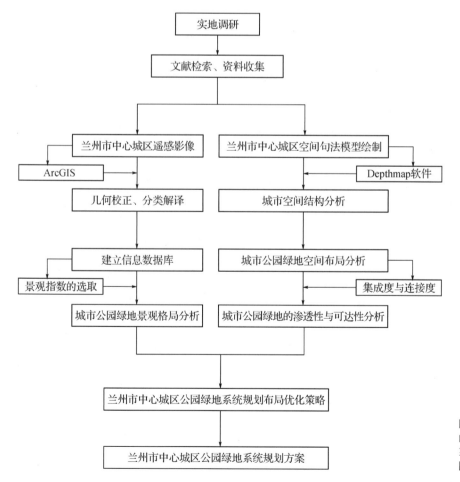

图 2-2　基于 GIS 和空间句法的城市公园绿地系统规划研究技术路线
图片来源:作者自绘

三是基于协同理论的城市公园绿地空间格局生成机制研究[37]。该研究提出了城市公园系统的协同演化规律,在系统规划中遵循和优化这些内在的规则,构建出符合城市发展需要和实际情况的公园绿地空间结构;并从系统运行的动力学规律出发,归纳出了城市园林系统的协同动力因素和运作机制。其中,基础因素、经济因素、社会因素、功能实现因素等因素对城市空间格局的形成起着直接的推动作用。同时,利用序参量、反馈机制、支配论等方法,阐明了系统协同工作的基本原则。此外,提出了城市园林系统协同规划的思路,还提出了城市公园系统条件、要素、结构、网络布局四个层面的协同规划机制。通过对环境状况的分析,建立系统的目标,依据目标的需求,选取组成因素,对各要素的分布进行研究,建立相应的子系统,并将组织系统叠加,使其达到最优(图2-3)。

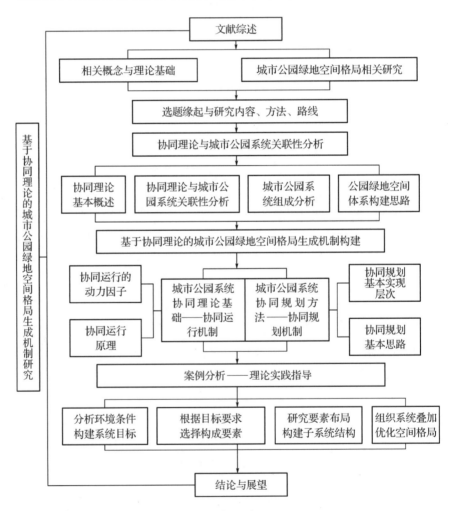

图2-3 基于协同理论的城市公园绿地空间格局生成机制研究技术路线
图片来源:作者自绘

四是基于公园城市理念的城市公园绿地系统优化策略研究[38]。该研究以城市范围内的公园绿地系统的配置类型、级配模式为切入点,对城市园林绿化现状进行了深入的分析(图2-4)。通过对城市绿地系统的定量研究,对城市绿地的空间聚集类型和绿地系统的总体状况做出定性的判断,并结合实地调研,全面把握公园绿地系统的现状,包括现状的特点和问题。然后,从城市中心区的绿地空间分布入手,对城市的绿化进行了研究。利用泰森多边形的面积变异系数 CV 来描述并测量其变化的大小,以评价某一地区的公共绿地的空间分布情况,确定其空间分布的类型;利用高斯的两级移动搜索法,计算出了在 500 m、1 000 m、1 500 m 和

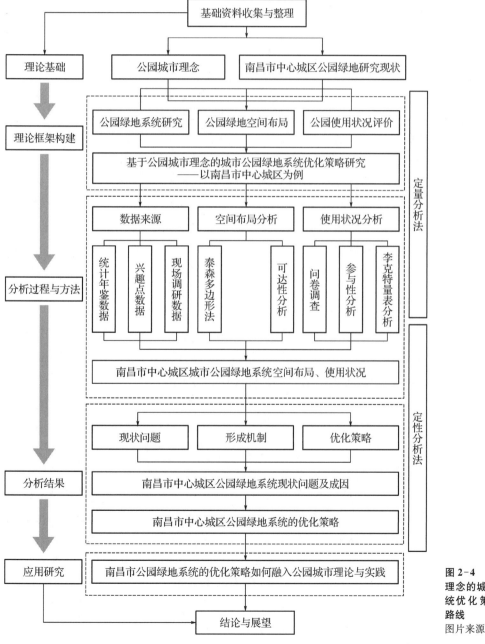

图 2-4 基于公园城市理念的城市公园绿地系统优化策略研究技术路线

图片来源:作者自绘

3 000 m 范围内的公园绿地可达率,并对城市居民的使用需求进行了分析。综合上述两种方法,得出了对公园绿地空间分布的量化分析。最后,运用使用状况评价(POE)方法对市区公园进行了调查。将参与观察法、行为痕迹法、活动标注法、问卷调查法相结合,对场地周边用地类型、外部交通状况、内部使用状况、景观环境进行调查。调查问卷的内容包括使用者的社会属性、年龄、职业、行为活动类型、时间与空间特征。运用李克特量表分析,对使用者的可达性、景观环境、配套设施、文化内涵四个维度进行评估,进而分析使用者的满意度与使用情况。

2.3.4 优点和缺点

1) 可达性

公园绿地可达性是指从源头上克服空间阻力,通过人们到达公园绿地所需的交通成本、空间距离和到达时间来衡量可达性的优劣。其可以评价公园绿地服务的可行性、选址的科学性和空间布局的适宜性,使城市绿地格局更加合理和优化[48]。目前,研究公园绿地可达性主要采用缓冲区法、最小路径法等线性分析方法,即只计算居民到公园的直线距离,而忽略居民到公园的实际路径;或者考虑居民到公园的实际路径,却忽略了公园周边的用地性质、人口分布以及公园对使用者的吸引力。在公园绿地可达性分析评价中,由于影响因素的不完整,往往夸大公园绿地的实际服务范围,导致公园绿地空间分布不合理,公园公共服务功能出现服务盲区。

2) 环境公平

公园的合理使用是让居民尽可能多地接触绿地,即保证居民绿地的可及性,保证居民公平获得高质量的环境。因此,为了实现环境公平,提高社区绿地的利用率,最大限度地让居民了解和接触绿地,可根据街道活力进行道路绿化和街道连通性的重叠分析,得出绿地的可达性。政府在城市规划中的主导作用对公共资源的公平分配有重大影响[49]。但公园绿地总体服务水平较低,人均公园绿地资源有待改善,不同群体间公园绿地资源分布仍存在差异,社会经济地位较高人群的公园绿地资源的分布较多,而低端从业者、老年人和青少年属于弱势群体。现有的环境法在促进环境公平方面存在限制,执法机关在促进环境公平方面还有不足。政府的整体规划要考虑人口和收入方面的因素,并进行充分的调研和考察,以公平为准则,统筹规划公园资源配置。当前公园绿地的空间配置公平性研究仍侧重地域空间均等,对其质量空间配置的社会公平性关注不足,且在公园质量评价中多以审计者视角下公园质量审计工具的客观评价方法为主,很少考虑使用者对公园不同特征的需求与偏好。

3) 公园绿地使用状况评价

通常 POE 的关注点集中在建筑使用者及其需求上。从使用后评估构建环境的角度来看，其包括人们的空间使用、拥挤、行为活动、物理特征、交通可及性等，我们将重点放在实际空间中影响用户行为模式和行为过程的具体因素上。此外，还包括对公园环境的满意度评价，包括美学评价、舒适度、环境偏好等，重点关注用户的心理感受和对整体环境的描述性认识。POE 的调查结果提供了对过去设计决策和规划绩效结果的反馈，这些数据和信息将为将来制定更好的布局规划提供良好的基础[44]。

中国的 POE 研究起步较晚，理论层面主要基于借鉴国外已有的 POE 研究模式，研究方法日益多样化和信息化。在实用化方面，研究对象越来越细分化，几乎所有的站点环境都有相关的 POE 研究结果，可以指导特定的实用设计。游客不足导致问卷调查不足，游客抗拒测量员，地理、天气等客观因素，或者当地居民对游乐设施的看法过于主观，这些问题往往会导致不正确的结果。传统公园采取 POE 评价方法存在样本数据量小、受受访者主观因素影响大，且缺乏客观的系统分类体系，难以及时有效地将公园的实际使用情况告知相关城市社会部门，与现代城市快速发展的需求相矛盾等问题。

4) 适用性相关场所

15 min 生活圈是现下较为普及的、经典的公园布局规划案例。该生活圈以 15 min 的步行距离，结合基本的生活服务和公共活动空间，完善教育、文化、医疗、养老、体育、商业等公共服务，形成安全、友好、舒适的社会基础设施。在规范标准上，《城市居住区规划设计标准》(GB 50180—2018)提出"以居民步行 15 分钟即可满足其物质和生活文化需求""一般由城市干路或用地边界线所围合""居住人口规模为 50 000 人～100 000 人"的原则。主要是根据以下几个方面对城市公园进行布局和整体土地利用的统筹规划[50]。

一是综合人口规模、用地面积和行政边界。将街道的行政边界作为基本单元进行划分，其中规模小于标准的可与邻近街道合并，合并时应尽量选择存量更新阶段相似的街道；规模大于标准的可根据社区边界进一步拆分，拆分时应尽量不跨越大型自然边界和人工边界。

二是基于居民日常出行空间单元。住宅小区是居民日常出行的起始点。为考虑不同类型的居住空间，选取规划区内的小区、公寓、单位宿舍、老旧院落与家属院的 POI 点位作为出发点。通过百度地图卫星图片与 POI 数据对照，确定规划区内住宅点，将住宅点加载至 Network Analyst 的设施点，以步行时间为出行成本，对居民日常出行范围进行模拟并可视化，生成日常出行空间单元，边界互相重叠，在 ArcGIS 中对空间单元进行几何计算。

三是基于地理环境和居民交通出行相结合。在 ArcGIS 中运用位置分配模型的最小化设施点数模型，得到社区生活圈中心。根据规划区地理环境构建可达性交通网络，包括有人行道路的可步行网络与不可步行的快、高速路及阻碍步行的大型河流、山体障碍面。由 NetworkX 复杂网络创建库建立公共交通复合网络，包括公交系统和地铁系统。

2.4　影响公园绿地服务水平的因素

影响公园绿地服务水平的因素构成较为复杂，可分为不同方面。若从公园绿地服务的供给到居民使用结束的完整过程体系来分析，可尝试以供给、过程、结果的思路对公园绿地服务水平影响因素进行梳理总结，主要包括公园绿地自身供给质量、公园绿地布局公平性、城市居民需求及满意度三方面，具体分析如下所述。

2.4.1　公园绿地自身供给质量

公园绿地服务的供给是绿地服务整体过程实现的开端。公园绿地自身的供给质量是反映其服务水平的最基础环节，为其服务水平重要的影响因素之一，是在具体评价中不容忽视的一部分。在公园绿地空间可达的基础之上，公园绿地的基本属性例如绿地等级、规模及其内部特征——基础设施完善程度、功能区布局合理性、路网密度、景观环境优美度、卫生条件及文化氛围等，是其服务水平的基础反映，决定其对居民的普遍吸引力差异以及对社会特殊群体的吸引力差异，会潜移默化地影响居民对公园绿地的使用感受及选择偏好，影响居民在公园绿地中游憩停留的时间长短、使用频率等。公园绿地服务供给质量的高低决定居民游憩期望被满足的程度，影响居民对公园绿地的评价，影响公园绿地的服务水平。一般来说，在不考虑个体心理偏好的基础上，通常规模较大、基础设施较完善的公园绿地，较能满足城市居民的游憩需求，其吸引力也随之较大，促使居民的出行欲望更强烈。等级较高的综合公园服务吸引力常会大于等级较低的社区公园及游园，这是由高等级公园绿地常涵盖低等级公园绿地的功能导致的，但同一规模等级的公园绿地，设施质量的优劣、完善程度的差异，同样会造成居民游玩频率及停留时间存在不一致的现象，影响公园绿地的服务水平。

2.4.2　公园绿地布局公平性

公园绿地布局公平性包括布局可达性及分配公平性两个方面。公园绿地的公平可达是公园绿地供给与居民需求交互关系间的重要影响因素,是绿地服务实现的重要过程、连接环节,这一因素决定居民获取绿地服务的可能性及便捷性,较大程度决定了公园绿地的服务水平。其中,因以公园绿地为定点的服务设施,其服务功能的实现,须克服空间阻隔才能完成,不同居民对其阻力的耐受程度不同,所以公园绿地的可达性对其服务水平产生较大影响,其可达性程度决定居民是否能够快速到达公园绿地进行游憩活动,其中花费的时间、距离、费用成本阻力差异的大小,极大影响区域居民的出行方式及频率,从而对其使用感知及偏好产生干预。公园绿地布局是否便利可达,关系到城市绿地资源是否利用合理,影响着公园绿地的服务水平。公园绿地布局的公平性对其服务水平产生的影响占据较为重要的部分。根据相关研究,不同社会经济地位、不同年龄层次的居民对公园绿地的服务需求及获取能力存在一定差异:收入较低的人群受公园绿地的影响较大,对其需求程度也较高,而老龄群体服务需求内容要求空间更加邻近友好,更偏向于活动强度较小的设施以及活动空间,如下棋、打拳、练习乐器、跳广场舞等。社会公平正义理论强调绿地资源向特殊群体的适当偏移,这就要求公园绿地的服务应较大程度地关注并满足特殊群体的需求,但特殊群体所获得的绿地服务常存在差异。国外相关研究指出,社会特殊群体在获取绿地服务时存在不公平现象,并在社区中占据较大的比例,例如移民、经济收入较低的群体、有色人种、老龄群体等获取的绿地资源数量常少于普通人群,因此公平性可从侧面反映出不同社会属性居民享受公园绿地服务的多少,较大程度上反映公园绿地的服务水平。与此同时,城市空间中人口的分布密度是不一致的,一般来说,在城市中心区域人口分布较为密集,而在城市边缘区域较为稀疏。居民的空间分布在一定程度上决定其对公园绿地的使用频率,绿地服务是否有效公平地服务于不同人口密度区域的居民,这是有效评价公园绿地服务水平的一方面。若是在人口密集的区域,没有相应规模数量的绿地设施满足居民的游憩需求,会造成绿地服务超出使用容量限制,导致大量的拥堵,极大降低居民的使用舒适度;反之,在人口分布稀少的区域,绿地的规模数量过大与人口需求不匹配则会造成绿地资源的浪费。

2.4.3 城市居民需求及满意度

公园绿地的规划长期由政府主导决策,城市居民在相关决策中常处于劣势及被动地位;传统的公园绿地评价,更多的是从绿地总量上的评估,尺度较为宽泛,是建立在居民需求特性一致化的基础之上的评价,对居民的需求存在一定的忽视,不能真实反映政府投入的效益以及绿地实际的服务效果,不利于公园绿地服务的优化提升。公园绿地提供的公共服务,其需求主体是城市居民,换而言之,城市居民是公园绿地服务的核心,是公园绿地的直接需求者、受益者,同时也是重要的评价者,是公园绿地存在的价值所在,城市居民的主体因素是影响公园绿地服务水平的重要因素,是衡量其水平高低的标尺,是公园绿地服务中的结果环节。而城市居民具备较强主观意识和自主选择能力的特征,其主观思维无规律可循,在此基础上其经济属性、年龄层次、社会心理特征等的差异,导致其对公园绿地的需求及使用方式呈现多样化的态势。多样化的需求使其对公园绿地的服务产生不一样的感知,其游憩期望是否得到满足,较大程度上影响其对公园绿地服务水平的评价。在当前政府转型、决策注重民主参与的背景下,公园绿地的服务导向是以人为本的,对居民需求满意度因素的考虑,是评价公园绿地的服务水平的重要方面。褚凌云等[51]提出居民对公共服务设施的满意度,能够侧面客观反映出设施的服务发展水平。王欢明等[52]认为公共设施服务的绩效水平与公众满意度呈现显著的正相关性。而城市居民的构成较为复杂,并存在着较多的社会属性差异,相较于分析公园绿地供给质量及公平可达性,如何切实有效地了解居民需求及满意度显得十分迫切,其也是影响公园绿地服务水平评价的重要因素。而在当前时代背景下,服务型政府的管理理念导向,要求结合公众的满意度评价设施的服务水平。根据居民的实际需求特征及满意度状况有效评价绿地服务,基于此可对现有公园绿地进行针对性的提升优化,保障公园绿地服务的供给效率,促进公园绿地的合理规划。总结上述影响公园绿地服务水平的因素,总的来说,可将其分为公园绿地的供给程度与居民使用需求评价两大层次的矛盾,现将各因素之间的关系梳理绘制成图,如图 2-5 所示。

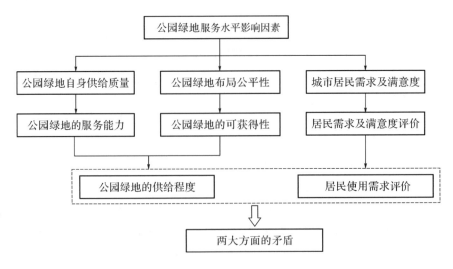

**图 2-5 公园绿地服务
水平影响因素**
图片来源:作者自绘

2.5 评价方法逻辑构建

2.5.1 评价区域的选择

总结相关研究,发现在选择研究的评价区域时,若选择的评价区域规模过大,会造成基础数据收集整理及分析的难度较大,易导致计算量过大、可操作性低的问题;而选择的评价区域规模过小,则样本数量过小,难以达到一定规模,不具备样本的普遍代表性,容易造成研究与实际情况有较大误差,科学性程度有限。根据相关学者的研究经验,国内外学者评价公园绿地服务水平时,多将城市全域或是具备一定面积的城市行政分区作为评价区域。在此基础之上,本书选择扬州市中心城区作为评价研究的区域,这是因为其中心城区划分明确,社会经济水平达到一定程度,公园绿地类型、数量丰富,且具备一定的体系规模,完整度较高。

2.5.2 评价逻辑的提出

总结公园绿地服务水平的相关研究,发现当前研究已取得多样化的成果,但研究的维度及重点仍多聚焦于公园绿地空间研究,对公园绿地供给质量及居民感知评价的分析较少;现有研究多通过计算绿地的服务效率、绿地服务范围覆盖率、人均有效绿地面积等评价公园绿地的服务水平;也有学者以社会公平正义的视角在可达性测度的基础上,考虑社会特殊群体的不同属性,例如社会经济水平差距、年龄差异等,对公园绿地的社会公平绩效进行分析,进而评价公园绿地的服务水平。但实际上,影响公园绿地服务水平高低的因素是复杂的,并不仅局限于空间方面,其服务完成的整体过程中不同阶段皆能在各自的维度上反映公园绿地的服务水平。基于以上分析,在 GIS 平台及相关研究的支持下,结合对公园绿地服务水平影响因素的考虑,本书尝试构建一套系统、科学、人性化的评价体系,拟从公园绿地服务的"提供—过程—结果"全局进行评价,覆盖其服务的全过程,即主要从公园绿地服务供给质量、公园绿地服务公平性、城市居民满意度三个维度对公园绿地的服务水平进行评价。

2.5.3 体系构建

本书从公园绿地服务的整体过程环节出发,从多维视角尝试构建更加全面的公园绿地服务水平评价体系,包括公园绿地服务供给质量、公园绿地服务公平性、城市居民满意度三个维度,深入探讨公园绿地服务中存在的问题,尝试提出优化提升策略(图 2-6)。

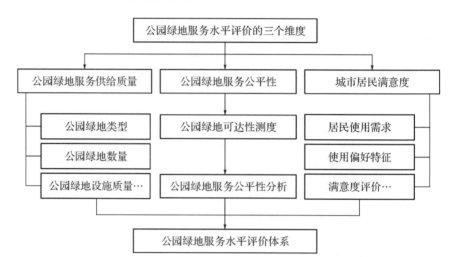

**图 2-6　公园绿地服务
水平评价体系**
图片来源:作者自绘

2.6　公园绿地均衡性评价

2.6.1　公园绿地服务供给质量维度评价方法

1)研究方法梳理

在评价公园绿地服务水平的相关研究中,部分学者通过选取不同的基本属性指标,结合实地调研,评价公园绿地服务供给的质量,例如杨丽娟等[53]提出从面积、审美价值、活动场地、服务设施、管理维护五个方面评价公园绿地的质量。甘草[54]从人性化尺度、整洁度、可意象化、可参与性与趣味性、安全感、通透性和多样性等方面对公园绿地服务的质量高低进行评价。李远[55]对公园绿地供给质量影响较大的因素进行赋值量化,主要包括公园绿地性质、规模、形状指数、出入口、周边用地性质五个方面,结合实地调研,评价公园绿地的服务能力大小。何俊洁[56]通过分析影响绿地服务的因素以及实地问卷调查的结果,选取相应的指标,进行权重赋值,评价绿地服务的供给质量的高低。

但总体来说公园绿地领域的分析评价,将供给质量作为独立部分进行分析的研究较少,多是在进行可达性空间分析时,结合公园绿地较为典型、容易量化的属性因素,例如公园绿地的规模等级、面积大小等因素,对其量化表征公园绿地的供给质量,基于此评价公园绿地的可达性,例如宋岑岑[57]考虑公园绿地的等级、面积因素,采用两步移动搜索法评价公园绿地的可达性。

而在对公园绿地的公共服务设施服务水平的评价研究中,多将设施供给质量评价作为独立部分进行分析,故可梳理总结其分析方法,借鉴应用于公园绿地服务供给质量的评价。总的来说,公共服务设施的评价方法主要是通过实地调研及资料整理,对设施的不同属性指标进行分析,包括规模大小、设施等级、设施数量、空间丰富度、环境卫生条件等,以此评价其供给质量;部分研究结合相关规范标准与调研情况进行对比,评价设施供给质量的高低;也有部分研究运用层次分析法对相关评价指标进行权重赋值,计算公共设施服务供给能力的数值。根据上述分类,现进行具体的分析梳理:

(1)对现状设施进行调研,与国家相关标准进行比较,分析评价设施服务的供给质量。刘倩[58]通过对现状社区配套设施的调研,依据《城市居住区规划设计标准(GB 50180—2018)》,比较分析现状设施服务供给的达标率及质量水平,并通过对西安市相关统计年鉴、规范标准、相关文献的梳理,分析比较西安市中心城区公共服务设施的供给现状。

(2)根据现场调研信息,对设施供给质量的相关基本属性指标进行梳理分析,评价设施供给的服务质量。例如:丁一[59]通过问卷调查分析评价公共服务设施的供给现状。吴敏[60]通过实地调研及问卷调查,从不同角度定性分析济南市养老机构服务供给质量,对养老设施的质量、护理员培训管理程度、服务的模式内容等进行分析,与此同时对基本建设相关的数量及情况进行整理分析,包括硬件设施数量、人员配备状况、提供的服务及项目数量等,二者结合起来评价设施服务供给质量。孙瑜康等[61]通过问卷调查及实地调研的方式对医疗设施质量的多个属性因子进行相应的整理总结,包括医护人员数量、病床数、科室数、医院规模大小等,以此评价县域医疗服务设施自身供给的质量水平。

(3)根据设施供给的基本属性特征,总结借鉴相关研究的评价指标,选取适用于评价设施服务质量的指标,并对其进行相应赋值量化,计算设施服务质量数值的高低。孙艺嘉[62]采取多类指标对公园绿地服务供给进行评价,包括各类设施的完善丰富度、功能空间多样性、卫生环境条件等方面,并进行赋值量化,计算服务质量的数值。胡红等[63]使用层次分析法分不同因子评价公园绿地的质量及吸引力。程鹏等[64]在对公共基础设施分类的基础上,通过对多层次指标进行权重赋值,计算衡量不同种类基础设施提供服务质量的高低。

2)本书选取的研究方法

综上所述,评价公共设施服务供给质量的方法包含多个方面,现对上述方法进行总结分析,选取适用于本书的研究方法。首先,与规范标准对比的方法于公园绿地领域而言,传统的规范标准多为绿地总体数量及分布覆盖率上的指标,不能全面反映绿地内部的属性特征,但可作为基础评价的环节反映公园绿地的供给,单独以此进行公园绿地的供给质量评价分析存在一定的缺陷。其次,选取相关指标进行赋值量化,通过计算出的数值高低评价设施服务的方法,在一定程度上便于城市及区域之间的比较。但本书的研究目的是,在评价公园绿地服务水平的基础上发掘现状服务的问题,提升现状公园绿地服务水平,故在供给质量的评价环节,专注于现状问题的分析,不进行相应的赋值定量。

综上所述,本书选择以实地调研及资料整理分析的方式,在相关规范提出的数据评价指标的基础之上,梳理总结相关研究普遍应用的基本属性指标,二者结合,评价徐州市和扬州市中心城区公园绿地服务的供给质量,深入挖掘现状公园绿地服务的不足,提出相应的优化策略,以期提升公园绿地的服务水平,增加居民的使用率,保障资源投入的效益最大化。

2.6.2 公园绿地服务公平性维度评价方法

1)研究方法梳理

(1)测度可达性的方法梳理

随着大数据技术的发展及相关软件的普及,从公平正义视角评价公园绿地服务水平的研究,多是基于可达性测度而进行的相关分析,故现对相关研究评价公园绿地公平性时常用的可达性分析方法进行梳理总结,分析其利弊,选取适用于本书的研究方法用于分析扬州市中心城区公园绿地的服务可达性。相关研究中,常使用的可达性分析方法有缓冲区分析法、网络分析法、费用加权距离法、两步移动搜索法等,具体分析如下(表2-3)。

① 缓冲区分析法。缓冲区分析法的具体分析过程是,将一点或是多点作为缓冲源,计算在一定的服务半径范围内所获取的公园绿地服务数量,或是以公园绿地作为缓冲源点,计算在一定服务半径范围内居住区的数量或面积。缓冲区分析法认为在缓冲区内的居民可以到达绿地获取相关服务,而在其外的居民则不能。以缓冲区内某一要素的数量表征其可达性,缓冲区即为服务范围,是以直线距离作为半径的服务范围。此方法计算操作较为简单,被广泛应用,但是其忽略了到达公园绿地过程中交通路网带来的障碍制约,计算结果与实际情况存在较大差异,误差较大,一定程度上高估了公园绿地的服务范围。

② 网络分析法。网络分析法是模拟实际的城市道路网络系统,构建相应的数据库,借助网络分析模块,模拟居民经城市道路到达公园绿地的

过程,生成基于网络分析的公园绿地服务区,测度公园绿地的可达性,其克服了直线距离进行中无法识别的道路交通障碍。网络分析法的精度依靠详细、完备的道路原始数据而实现,这就要求有足够数量的数据补充,保障模型的精准性,故操作过程中数据获取方面会遇到一定的困难;但随着大数据技术的发展,相关的研究也进行了相应的改进,例如借助百度地图的开放数据作为补充道路网络数据的支撑。

③ 费用加权距离法。费用加权距离法是将研究区域划分为大量网格,对网格内的用地及道路网络按等级设定不同的阻力值,居民到达公园绿地需穿越网格,付出一定的行进成本包括时间、距离、金钱成本等,将此过程中居民从出发点到达公园绿地付出的累积行进成本、克服障碍的难易程度等用于衡量公园绿地的可达性。在这样的计算模型中,路径成本的计算得以实现。因其对城市空间异质性的考虑包括对栅格内用地性质的考虑或是对不同等级道路阻力的考虑,与现实状况较吻合,在一定程度上能够较好地反映公园绿地的可达性。这种使用栅格数据的计算方式,其网格尺寸大小划分会对可达性计算的精度产生影响,为难以规避的误差。

④ 两步移动搜索法。两步移动搜索法是学者们评价公园绿地服务水平时广泛采用的方法,为一种特殊形式的引力模型。其具体分析过程是,以公园绿地的入口或者质心为中心,以居民可忍受的出行时间极限为半径建立搜索阈值,进行第一次供给方搜索,计算供需比从而确定供给可达性;再从需求点进行二次搜索,搜索阈值范围内公园绿地数量,累加阈值范围的供给可达性,从而得到公园绿地的可达性。两步移动搜索法综合考虑了公园绿地与城市居民供需双方潜在的相互关系对可达性值的影响,认为影响可达性的因素是多方面的,将可达性理解成一种概率,这种方法与仅考虑供给方服务的可达性评价相比,评价结果更加真实、合理,可以较好地反映公园绿地的可达性,并且其计算较为方便、直观,故应用的前景较为广阔。但此方法的缺点就是须设定一个阈值,认为在阈值范围内公园绿地可达,而在此范围之外则不可达,这种单一阈值的分析容易造成公园服务可达性的夸大。与此同时,使用两步移动搜索法分析公园绿地服务的可达性,选取的需求点常为居住区或是行政区的中心点,故在此基础之上,需求单元的尺度越小,其计算评价才能越合理、越接近现实。

表 2-3　可达性分析方法优劣

	评价方法	原理	优点	缺点
几何网络	网络分析法	依据道路网络数据,分析进入公园时的障碍,寻求最短路径	基于道路数据,结果更精确	数据可获得性较差,缺少对公园吸引力的研究
	缓冲区分析法	计算一定半径阈值内要素的数量、面积等	简单方便,易于操作	未考虑道路等实际情况的因素,存在服务盲区
	最小临近距离法	计算从某一点到某一公园的最小直线距离	表达直观,易于理解和计算	与真实的情况有较大的差距
	费用加权距离法	计算到达绿地的最短路径的累计阻力	便于相互之间的比较,处理难度小	主观性较强,累计阻力值的设定没有统一标准
	两步移动搜索法	对不同的交通方式设定不同的速度,计算各点到达各公园绿地的最短时间	较客观,结果较精确	数据获取较复杂,需要与实际情况相结合
拓扑网络	矩阵方法	通过整体可达性矩阵与最短距离矩阵,分析可达性	将复杂的网络转换成矩阵计算	模型较复杂,适用于大尺度下网络计算
	空间句法	侧重于整个城市的交通网络结构,进行形态分析,从而分析可达性	可融合个体对环境的心理认知	该方法对公园本身的吸引力的研究不够

注:作者自绘。

(2)测度公平性的方法梳理

在分析公园绿地的可达性后,相关研究常引入经济学、统计学的分析方法度量公园绿地服务的公平正义程度,所采同的方法主要包括洛伦兹曲线、基尼系数、区位熵、份额指数法等(表 2-4)。现进行具体的分析总结:

① 洛伦兹曲线。洛伦兹曲线原是用于描述社会财富分配均衡程度高低的指标参数,现已成为各领域评价公平性时广泛应用的指标,主要是对直角坐标系中的横纵坐标进行定义,以图示的方式对相关指标进行表达,较为直观,但不能进行定量描述,故常与基尼系数结合起来分析公平性。例如收入洛伦兹曲线的绘制就是将研究范围内的人均收入比例按数值大小的顺序进行排列,将人口比例等量平均分组,计算人口对应的收入比例,以人口累计比例为横轴,收入累计比例为纵轴绘制洛伦兹曲线。

就公园绿地领域而言,常利用洛伦兹曲线直观地对公园绿地服务范围与人口比例的匹配程度进行表达,其中,横坐标为人口累计比例,纵坐标常为公园绿地服务面积比例,坐标对角线为公园绿地服务绝对公平线,另一条线是根据公园绿地服务面积与实际人口比值绘制的洛伦兹曲线，这条线越接近绝对公平线，则绿地服务分配越趋于平等，反之则失配程度越严重。

② 基尼系数。基尼系数同样原是用于衡量社会财富、资源分配状况的指标，是对洛伦兹曲线的补充，克服其无法进行区域间对比以及无法体现不公平程度数值的缺陷。在计算洛伦茨曲线的基础上可获得基尼系数大小，基尼系数为绝对公平线与洛伦兹曲线围合的面积同洛伦兹曲线下方直角三角形面积的比值，即是用不平等面积与平等面积的比值表征的。其最大数值为1，最小为0，数值越趋于0说明分配越均衡，越接近公平状态；反之则资源享有的差距越大，越不公平。通常来说，基尼系数数值大于0.5，表明分配的不公平程度较为剧烈。根据基尼系数分析得到的结果可用于不同时期或是同一时期不同时间段内，国家、地区层面的横、纵向比较分析。

而公园绿地资源分配与收入分配内涵相似，故学者多引用此指标结合洛伦兹曲线，衡量公园绿地的有效服务面积与社会特殊群体人口数量的匹配程度，评价公园绿地服务的公平性。

表2-4　公平性分析方法优劣

评价方法	主要内容	优点	缺点
区位熵分析法	表示区域内特殊群体实际获得的绿地资源与整个研究区内特殊群体实际获得的绿地资源的比值	直观性强，有较强的理论支撑，增加评价结果的可信度	从整个区域判断绿地资源的获取，研究尺度较大，无法得出精确结果
洛伦兹曲线	将某一区域内的财富或资源进行比较，当洛伦兹曲线离绝对公平线越远的时候，表示越不公平，即面积S越大	直观反映研究区内人口数量与城市公共绿地资源数量的匹配状况	忽略了人的差异性
基尼系数分析法	该数值用来表示一个区域内的公园绿地资源分配情况。一般数值在0到1之间，数值越小，则表示该区域内人员的公园绿地资源占有情况越公平	通过计算的精确数值，可以直观得到区域公园绿地资源分配的合理性	该方法较关注公园绿地资源与人口之间的关系，但是忽略了每个人群的差异性
份额指数法	用来评价一个区域内社会特殊群体拥有的绿地资源占社会常住人口拥有的绿地资源的比例与社会特殊群体占常住人口比例之间的比值	使评价公园绿地公平性有较强的理论基础	只能在总体上显示社会特殊群体获取的公园绿地服务水平是否超过或低于社会整体水平，因此还要结合分区的数据进行具体评价

注：作者自绘。

③ 区位熵。区位熵原是用于衡量区域某类资源要素空间分布的状况,应用于产业集聚度的分析,现被引入并广泛应用于公园绿地服务公平性评价,可表示社区单元内社会特殊群体实际获得公园绿地的服务资源与整个研究区内社会特殊群体实际获得公园绿地的服务资源的比值,反映的是城市子区域公园绿地服务于社会特殊群体的社会公平正义程度,非城市整体层面的分析。区位熵的数值大于1,则表示在此社区空间单元内,社会特殊群体所获取的公园绿地服务高于研究区社会特殊群体获取公园绿地服务的整体水平;区位熵的数值小于1,则表示此社区单元获取的绿地服务低于整体水平,需对此社区公园绿地的服务进行优化提升,优先规划建设公园绿地。

④ 份额指数法。份额指数法反映的是公园绿地服务的社会公平正义于城市层面的总体水平,具体表示的是社会特殊群体享有绿地资源占社会常住人口拥有的绿地资源的比例与社会特殊群体占常住人口比例之间的比值,用于衡量社会特殊群体获取的绿地服务与城市整体常住人口获取绿地服务的差异。份额指数的数值大于1,表明社会特殊群体享有的公园绿地资源份额比例高于社会公平的份额水平;反之则低于社会公平的份额水平。份额指数这一指标具有较强的普适性,可据此进行共时性和历时性的公园绿地服务公平性分析比较。

2)本书选用的研究方法

(1)可达性测度方法的选用

对上述研究方法的利弊进行分析,发现与其他的可达性分析方法例如缓冲区分析法、网络分析法等相比,两步移动搜索法并不仅局限于从公园绿地供给角度计算可达性,而是考虑城市居民需求方获取服务的多少并进行累积分析,计算的是可移动区域的供需比,使得评价更加科学有效、便于理解;而公园绿地服务供给与城市居民游憩需求间存在着较为显著的供需关系,故选用考虑供需两端关系的两步移动搜索法进行分析更加适用,并且两步移动搜索法的操作计算比较直观、简便,具备较好的可实施性。

与此同时,近年来,两步移动搜索法受到学者越来越多的关注,被广泛应用于医疗设施服务、体育设施服务、教育服务、就业服务等领域的可达性分析。就公园绿地领域而言,现已有众多学者借助此方法评价公园绿地服务的可达性,并且部分学者从不同角度对其进行了一定的改良提升,例如从公园绿地的供给吸引力、交通成本、距离衰减等方面进行优化,形成多样的分析模式,在极大程度上提高了此方法的准确性。例如:Wei[65]采用基于高斯的两步移动搜索法(2SFCA),对杭州市41个街道的公园可达性进行了两个阈值评价。王杰[66]考虑距离衰减与供给、多交通方式,对两步移动搜索法(2SFCA)进行改进,将其应用于深圳市南山区公园绿地的可达性评价。杨建思等[67]从公园绿地设施供给和使用者两个角度,采用两步移动搜索法分析武汉市公园绿地的可达性。Xing 等[68]考虑到公园绿地(PGSs)的类型和功能的不同,研究提出了一种基于2SFCA 的多模式方法,利用 PGSs 分类来估计 PGSs 服务的供给与居民可达性需求之间的空间差异,分析发现武汉城市中心东西向分布的公园绿地服务较为不足。

综上所述,本书选用相互作用类的可达性模型分析方法——两步移动搜索法,测度扬州市中心城区公园绿地的可达性;并在相关研究的基础上,尝试通过不同交通方式对其进行相应改进分析,提高研究的准确度和科学性。

(2)公平性测度方法的选用

总结上述测度公平性的方法,发现可将评价公园绿地社会公平正义的方法分为总体层面的分析法和区域尺度的分析法两种,其中,基尼系数、洛伦兹曲线、份额指数法属总体层面的分析方法,而区位熵属于区域尺度的分析方法。

基尼系数、洛伦兹曲线原是用于分析社会收入分配公平性的,而公园绿地社会服务供给与城市居民需求之间的供需关系与社会收入分配的内涵具有一定的相似性,现已有众多学者以此指标分析公园绿地服务的公平性;而因其是总体层面的指标,故部分研究结合区位熵分析区域尺度下公园绿地服务的公平性,对基尼系数和洛伦兹曲线进行补充。例如:唐子来、顾姝[69]使用基尼系数和洛伦兹曲线对上海市中心城区公园绿地服务的社会公平绩效进行分析,结合区位熵评价街道层面公园绿地服务的公平性;马玉荃[70]采用基尼系数和洛伦兹曲线评价比较不同时期上海内环内公共绿地服务水平的公平性的差异;李远[55]使用基尼系数和洛伦兹曲线从宏观层面分析重庆巴南区公园绿地的服务公平性,并运用区位熵指标从居住区尺度的微观层面对公园绿地服务公平性进行补充评价;宋岑岑[57]选择基尼系数及洛伦兹曲线法分析武汉市主城区公园绿地服务的公平性。

根据以上分析,本书选择基尼系数、洛伦兹曲线度量扬州市中心城区公园绿地服务的社会公平正义程度是较为适用的;但基尼系数和洛伦兹曲线的分析方法是对总体上的公平正义匹配程度的分析,无法反映具体较小尺度公园绿地服务的公平程度,为保障研究的完整性及科学合理性,故引入区位熵的分析方法,从社区尺度上分析扬州市中心城区社会弱势群体享有公园绿地服务的社会公平正义程度。

2.6.3 城市居民满意度维度评价方法

1) 研究方法梳理

公园绿地服务与城市居民需求的协同度是规划配置的重点。相关研究逐渐转向从城市居民满意度的维度对公园绿地服务进行评价,分析城市居民的基础属性信息,以及关注其对绿地服务的感知偏好、出游方式、游园停留时间、满意度评价等,多方面挖掘研究不同属性城市居民对公园绿地的需求、满意度差异。随着相关技术的发展进步,研究的方法较为多样。总体来说,相关研究主要采用的评价方法可分为两类:一类是实地问卷调查的方式,另一类是借助大数据技术及相关网络平台进行分析的方式。现具体分析梳理如下。

(1) 问卷调查法

问卷调查的分析方式由于操作过程较为简单,能直观反映城市居民的需求及评价,常作为研究中定性分析的补充、比较项,应用较为广泛。问卷调查法的分析方式可分为两种。其中,第一种是问卷调查的方式。此方式问卷调查的指标内容较为深入丰富,研究常从多方面设计问卷内容,深入挖掘城市居民对公园绿地的需求及评价,并进行相应的分析。宋秀华[71]在对公园绿地的景观格局、公园绿地可达性及公平性进行评价的基础上,采用问卷调查和实地观察的方式对城市公园绿地的社会服务状况进行评价分析。姚雪松等[72]通过问卷调查的方式获取老年人对公园绿地服务的评价,分析影响其游憩需求的相关因素,并采用两步移动搜索法分析公园绿地的可达性,二者结合起来评价公园绿地的服务。刘倩[58]采用问卷调查的方式,基于居民视角,分析居民需求方的行为特征偏好,评价社区公共服务设施的服务水平。程鹏等[64]通过问卷调查的方式,了解并分析城市居民对公共基础设施的感知、认识及满意度评价,从主观层面测度公共基础设施的服务水平。另一种是基于问卷调查,结合 GIS 软件进行可视化分析的方式。孙瑜康等[61]通过问卷调查的方式获取县域居民对医疗服务设施的使用感受及满意度的评价,问卷包含了县域居民的基本信息、行为特点、就医的考虑因素及需求,并尝试让其绘制出就医的出行路线图,了解其就医的实际偏好及出行特征,并利用 GIS 进行可视化,与基础问卷调查结合,从居民角度分析评价县域医疗设施的服务。Luz 等[73]采用公众参与地理信息系统的方式,要求受访者在交互式地图平台上标记其常去的、较为喜爱的绿地,并调查其使用绿地的频率,以此获取居民使用绿地的偏好,进行相应的可视化表达,评价里斯本市绿地的服务。总结上述研究发现,采用问卷调查的方式能够较为直观、深入地了解居民的实际服务感知及评价,操作过程简便,应用较为广泛,但其缺点就是需要进行大量的实际调研以确保调查的科学普遍性,调研周期长,工作量较大。

基于问卷调查的 GIS 分析法,能够将城市居民的出行特征及评价进行较为直观的表达,但是操作起来有一定的难度,例如依据出行路线图的 GIS 分析,研究尺度在一定范围内时具备可操作性,但对于整个城市市域的分析,应用此方法的工作量较大,可行性不高。而公众参与 GIS 的方式,要求受访者有一定的软件使用基础,此方式的专业性要求相对较高,操作过程中有一定的难度。

(2)大数据分析法

一是通过手机信令大数据对相关信息进行识别,从城市居民视角直观对其游览公园绿地的频率、游憩停留时间、服务半径等进行分析体现。二是获取大众点评网的相关评价数据,对部分进行相应赋值量化,以此分析居民对公共服务设施的评价及满意度。三是使用房天下等平台获取居住区的相关属性,反映用户的社会经济属性,以此评价不同属性居民对公园绿地的需求状况。

利用手机信令数据的分析包括:方家等[74]利用手机信令数据,计算不同街道居民的出游率,以此识别其对公园绿地的需求度;龙奋杰等[75]利用手机信令数据,从居民的角度出发,通过不同时间段公园绿地服务人数、居民游憩时长、服务半径等指标评价公园绿地的服务水平;丁俊[76]借助手机信令数据,识别绿地公共空间的使用强度以及其对城市居民的吸引力,结合调查公众对绿地服务的满意度及评价,从多方面综合评价绿地的服务水平;王德等[77]借助手机信令数据,对上海宝山区居民的时空行为特征进行了分析,以评价上海宝山区的城市建成环境。

利用网络评价平台数据的分析包括:何丹等[78]从大众点评网获取人们对公共文化服务设施的主观评价数据,进行相应的赋值,计算公众对服务设施的满意度;曹阳等[79]基于居民需求及其实际使用的角度,构建评价体系,利用大众点评评分数据、微博签到数据,抽取包含设施服务评价及情绪类的词语,进行相应归类、赋值量化,从设施服务强度、使用频率、服务评价、使用情绪、网络口碑评分五个方面,评价南京市医疗设施服务水平;姜佳怡[80]使用微博签到数据,识别城市居民的空间行为以及对公园绿地的使用频率,以此评价公园绿地的服务。

识别居住区等级的分析包括:李远[55]认为居民的居住属性与其对公园绿地的需求具有一定的联系,并呈正相关的趋势,社会经济水平较高的人群支付能力较强,更有能力去满足对公园绿地的需求,研究通过各项指标量化小区的居住层次,识别居民的经济水平,以此反映居民的需求状况,并将其与公园绿地供给叠置评价绿地服务。

总的来说,利用大数据的分析方式,在一定程度上丰富了评价体系的数据来源及方法构建,其样本覆盖面大,包含的相关数据信息较为准确丰富,是有益的探索尝试,但是以此方法分析城市居民的绿地服务存在一定的缺陷。一是使用手机信令数据的分析,此类数据的精度虽然较高,能够准确反映城市居民的出行路线、偏好、游憩停留时间等,但是缺乏对居民基本社会属性的考虑,并且由于通信平台对用户隐私的保护,其数据的获取较为困难。二是基于网络评价平台数据的分析,此类网络评价平台的使用人群多为中青年群体,所反映的服务评价多局限于此年龄阶段,而公园绿地的使用人群层次多样,覆盖全年龄层,使用此方法的评价会忽视部分群体的使用需求及感受,例如老龄群体这一公园绿地的主要使用人群,其对网络评价软件的使用度较低,此方式的评价容易造成研究样本的选取缺乏普遍科学性。三是以居住区等级表征居民的经济水平,评价居民对公园绿地的需求程度,此方法对社会经济地位进行了考虑,但是缺乏对居民使用偏好、感知等的分析。

2. 本书使用的研究方法

城市居民作为公园绿地的服务主体及核心,其对绿地服务评价的高低是衡量公园绿地服务水平的重要因素,而居民因其个体属性具有较强的主观意识,具备明显的主观偏好,并且其使用公园绿地的时空行为较为复杂多变,其使用感知、满意度受到多方因素的影响,因此对公园绿地的评价有所差异。而城市居民对公园绿地的感知评价及满意程度是其主观的心理感受,单纯以大数据方式进行分析,一定程度上能够对城市居民的行为特征进行总结,但较难体现其主观感受及评价。而主观感受评价的获取,最直接、深入的方式就是实地的调查分析,并且问卷调查这种定性的分析方式可与本书其他章节的定量分析进行互补与比较,较为适用。故本书选取问卷调查的方式,从城市居民满意度视角,深入其日常游憩生活,根据影响公园绿地服务水平的相关因素对问卷内容进行设计,分析识别城市居民的主观使用感知、满意度及评价,以此评价扬州市中心城区绿地公园服务的水平。

2.7 本章小结

重点打造独具特色的园林城市风貌,针对差异化的老城区和新区,打造 15 min 社区生活圈,实现"300 m 见绿,500 m 见园",按照优化公园绿地空间布局的原则,以 POD 设计为核心,注重公园与城市功能区、街区、建筑等层次的有机结合。"口袋公园"是城市绿地的重要组成部分,要加强城市绿地系统的连接性,打造人人可及的绿地系统。以人为本的公园经营方式的创新,真正实现了人与自然的和谐共生[81]。

1) 将公园城市建设作为城市发展战略

用科学的思想和城市规划蓝图,调整效益,调整空间、规模、产业结构,打造多维度的价值转换通道。在伦敦、纽约、东京等城市中,城市公园一直是绿色基础设施的一个主要部分。我国成都是世界公园城市理念的核心城市,2019 年,成都成功地举行了第一次世界公园城市论坛,并公布了《成都市美丽宜居公园城市规划》《公园城市指数(框架体系)》[82]。

2) 构建开放的复合体系和链接体系

公园城市规划是一个长期的过程,需要社会各方面的合作,注重自然景观的可持续性,倡导可持续交通和清洁能源,提倡无边界公园和开放空间。通过绿色基础设施来实现社会公平、环境公平。以新加坡为例,基于"无边界公园"概念构建城市花园,强调"无边无际"的绿地系统,通过优化空间来提升城市品质,体现公共利益,建立绿色基础设施。公园建设强调土地的最佳利用,实现土地的双重利用功能,在公园或开放空间的基础上,创造以住宅、办公、商业、城市为中心的复杂网络空间,具有多功能、复杂性的空间形态边界。此外,连接系统的走廊的绿化形状,通过公交车站、健身设施、公园避难所将人们与"公园"隔离,最终实现城市园林整体的效果。

3) 促进公众参与和社区邻里共享

城市公园在建设过程中的公众参与是一个关键要素。城市公园的建设不仅是一种规划技术,而且是一种市民参与的方式。为了创建城市公园,树立共享理念和开放空间系统,以共享为目标进行规划设计。实施"无边界公园",在城市内部建立公园和开放空间系统,与其他区域和部门合作,提供更好的环境。例如纽约计划到 2050 年确保所有纽约人分享社区的开放空间,并利用社区公园作为发展区域的催化剂。除此之外,通过强调"无边界公园"建立标准的设计原则,使其更有吸引力,更容易接触,并与周围的社区建立联系。此外,在巴黎的"共享花园"模式中,自治团体自发组织起来,提议在铁路附近的空地上或在社区、公园中建设并管理花园;一旦得到许可,它们就可以成为花园的拥有者。

4) 将绿色投资作为长效经济引擎

绿色投资是经济转型的重要因素。绿色基础设施可促进城市经济发展。首先,必须创建一个环境友好型的城市;其次,要有一个良好的发展策略和计划;再者,要实施一个合理和可持续的财政和政策支持体系;最后,要有有效的管理体系来保证其可持续性。而公园城市是一种新的投资方式,它可以创建价值链,在公园中创造大量价值和经济机会。费城的绿地系统规划是建立在"收入网络"之上的。纽约国家公园的建造历时15年,投资高达50亿美元,它帮助政策制定者制订优先计划,并通过精确分析城市的需要,从而获得收益。

5)探索以公园为导向的公园化城市功能区开发模式

坚持科学规划、多元化发展的发展方式,提升园区建设的质量,以社区为本,以人为本,生态优先,注重公众参与,体现可持续性。以此为依据,提出了以公园为核心的城市功能区开发模型,对城市可持续发展规划起到了良好的推动作用。例如,纽约曼哈顿区域以中央公园为中心展开,集中配置了商业娱乐、办公场所、管理办公室、文化休闲以及其他复杂功能。苏州周边的金鸡湖片区,被金鸡湖滨水公园环绕,CBD、文博中心、科教文卫中心、生活居住等多种功能合理布局。公园化城市功能区开发模式(POD模式),重点阐述了公园化城市功能区开发模式下公园功能的作用[83]。规划目标以公园作为城市功能区,建立一个以公园为核心的、多层次、高效率的功能空间。规划原则是,以公园为导向,构建多层次的开放空间系统,打造一个生态宜人的城市绿色空间;优化配置公共服务设施,构建和谐、有序、共享以及绿色生态系统,完善城市绿色基础设施网络体系;构建以公园为城市核心的城市功能空间体系,实现资源共享、功能统筹、空间统筹,突出公园为城市功能区布局的主角,合理布局以公园为基础的城市功能区,公园与城市风貌通过不同功能区的有机整合,实现公园价值的最大化。

本章对影响公园绿地服务水平的因素进行梳理总结,根据相关研究经验,构建公园绿地服务水平评价体系,拟从公园绿地服务供给质量、公园绿地服务公平性、城市居民满意度三个维度进行分析评价。分别对此三个维度现状研究的相关方法进行梳理总结,分析其利弊,选择确定了适用于本书研究的相关指标方法并进行概述。其中,在公园绿地供给质量维度,在相关规范评价指标的基础之上,总结相关研究广泛应用的指标,通过实地调研的方式,分析公园绿地服务的供给质量;在公园绿地服务公平性维度,选用两步移动搜索法分析公园绿地服务的可达性,引用基尼系数、洛伦兹曲线评价公园绿地服务公平正义的总体水平,采用区位熵的计算方法从社区尺度评价公园绿地服务的公平程度;在城市居民满意度的维度,选用问卷调查的方式挖掘不同属性居民的使用需求、偏好、满意度,对公园绿地服务水平进行评价。

3 徐州市中心城区公园绿地服务公平性研究

3.1 研究概况

3.1.1 城市发展背景概况

徐州位于华北平原,在江苏省西北部,京杭大运河流经市内。作为我国"一带一路"倡议中的重要节点城市,徐州还是华东地区的重要门户城市。徐州市总体占地面积约 11 765 km²,经官方统计,截至 2020 年底,徐州市共有常住人口 862.83 万人。徐州市是长三角北翼、淮海经济区中心的核心城市,连接东西部的经济,沟通南北方的资源优势(图 3-1)。徐州市历史悠久,曾是华夏九州之一,是汉文化的发祥地,更是国家历史文化名城。徐州市拥有众多的历史名胜,使得徐州这座古城在新时代散发着新的魅力和文化气息。

徐州市在全面推进老工业基地振兴和建设淮海经济区中心的同时,也在大力推进生态环境的修复和园林景观的打造。徐州煤炭资源丰富,但是过度的开采,给当地的生态环境带来了破坏,挖空了徐州的"金山银山",只留下大面积的采煤塌陷地。一个个塌陷地成了徐州市的伤疤,影响了徐州市的城市发展与生态环境的保护,给徐州市带来了生态之殇。15 年来,徐州市通过实施水生态环境综合治理,并通过矿山生态修复,完成了从百年煤城到梦里水乡的改变,让以前煤灰漫天的徐州老城焕然一新,成为"一城青山半城湖"的新徐州,徐州市迈上生态绿色发展之路。此后徐州市荣获中国优秀旅游城市、国家卫生城市、国家生态园林城市、联合国人居奖等称号,成为生态修复样板型城市。现在的徐州市,山环绕着城,城依靠着山,云龙湖、大龙湖、金龙湖、九里湖、吕梁湖、大湖、潘安湖七大湖泊点缀其间,山水交相辉映。徐州市中心城区的云龙山风景区、泉山森林公园等风光秀美,美景堪比江南,使徐州市成为一个独具特色的旅游胜地。徐州市逐渐以青山绿水的秀美景色和历史悠久的古城气质,成了一座名副其实的生态园林宜居之城。

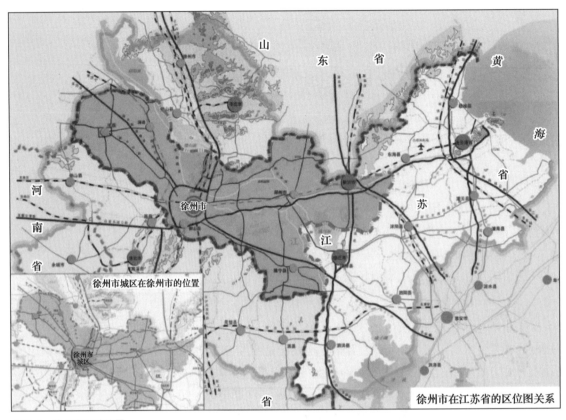

图 3-1　徐州市区域位置
图片来源:《徐州城市绿地系统规划(2015—2020)》《徐州城市绿地系统规划(2005—2020)》

图 3-2　云龙湖景区
图 3-3　潘安湖湿地公园
图片来源:作者自摄

图 3-4 九里湖湿地公园
图 3-5 金龙湖宕口公园
图片来源：作者自摄

3.1.2 徐州市公园绿地发展背景概况

近年来，徐州市绿化取得较大成就，"徐派园林"的影响在持续扩大，生态建设工作取得重大突破，自 2005 年以来，徐州市已经修复约 70 座废弃的矿山，将生态疮疤变成了金山银山和绿水青山，徐州走出了得到世界认可的矿山修复之路，也完成了生态转变之路。徐州市山水格局优越，四周群山环绕，山城相拥，古黄河和大运河、奎河等河流穿城而过，具有较好的生态景观。徐州市森林资源和风景区资源丰富，云龙湖如明珠镶嵌城中；泉山森林公园增加了徐州市的景观异质性；古黄河风光带依托徐州市内的山峦和河网，建设成为自然与人文景观相结合的景观带，突出了山水城市绿地的空间特色，打造了良好的人居环境（图 3-2～图 3-7）。

图 3-6 云龙湖景区
图 3-7 古黄河风光
图片来源：作者自摄

经过多年的建设，徐州市内的城市公园绿地体系包括了综合公园、社区公园、专类公园和游园（图 3-8、图 3-9）。徐州市的公园绿地作为公共资源，政府让全民共享，免费开放了一批公园。云龙公园、东坡广场、彭祖园、淮海战役纪念塔陵园等具有丰富历史文化内涵的公园绿地的开放，不仅改善了城市的面貌，更突出了徐州市绿地的地域特色和个性。徐州市

还建设了一批园林景观路,大大改善了城市的绿地框架。通过开展建设"园林式居住区或单位",徐州市提高了社区级单位的绿化率,持续优化城市生态环境。

图 3-8 云龙公园
图 3-9 黄楼公园
图片来源:作者自摄

总体来说,徐州市公园绿地的建设依托整个城市的山水格局、优越的生态条件和丰厚的历史底蕴,完成了城市生态环境的提升。但随着生态城市的发展,徐州市中心城区的公园绿地的发展仍存在许多不足。中心城区的绿地布局体系不够完善,中心城区未能得到充分利用,居民缺少平时活动的休闲公园绿地,城区还须系统性地考虑绿地的空间布局,加强各绿地之间的联系;中心城区边缘地带缺乏公园绿地,公园绿地数量、面积不合理,可达性有待提高;中心城区内的部分社区公园基础配套设施老旧,植物杂乱且缺乏后期养护管理,公园的活力和吸引力极低。

3.2 服务质量研究

公园绿地的服务质量与公众的日常生活息息相关。公园绿地的服务质量是吸引居民去往公园绿地活动、凝聚活力的重要因素,影响着居民前来活动的次数及停留的时间。

笔者通过对相关文献的梳理发现,多数学者常采用实地调研及对数据资料的整理,选取不同的指标对公园绿地的服务质量进行定量定性分析。所以,本书参考相关研究和规范,选取了不同的指标,通过查找相关研究文献、政府文件资料,以及实地调查、问卷调查的方式,对徐州市中心城区公园绿地的服务质量进行定性及定量的分析。

3.2.1　指标选取

对相关论文进行研究后发现,大多数指标分为两类:一类是定量的分析,包括公园绿地类型、规模面积、人均绿地面积、绿化覆盖率及绿地率;另一类主要是定性的分析,包括公园绿地内基础设施的建设情况、公园绿地内的植物等的种植配置情况、公园绿地的使用率以及公园绿地开放程度等情况。

本书根据对相关文献和国家标准进行的整理分析,选定了具体的指标(表3-1),在此基础上进行问卷设计,并展开实地调研。在定量分析方面,选择公园绿地的规模类型、人均绿地面积、人均公园绿地面积、绿化覆盖率、绿地率和万人拥有综合公园指数对公园绿地进行总体评价;在定性分析方面,选择使用性、服务性、适用性、可达性、开放性和安全性六个指标,对居民对公园绿地等的使用情况、公园绿地内基础设施的建设情况、公园绿地的营造情况、公园绿地的出入方便程度、公园绿地对居民的开放程度、公园绿地对安全问题的防范能力等进行具体描述,汇总居民对公园绿地的总体建议,以期为提升徐州市中心城区公园绿地服务质量提供一定借鉴。

表 3-1　公园绿地的服务质量评价指标

评价维度	指标类型	具体指标
公园绿地服务质量	定量分析	公园绿地的规模类型 人均绿地面积 人均公园绿地面积 绿化覆盖率 绿地率 万人拥有综合公园指数
	定性分析	使用性:居民对公园绿地等的使用情况
		服务性:公园绿地内各项基础设施设置情况、游览线路的设置情况和园内无障碍设施设计情况等
		适用性:公园绿地的营造是否考虑了城市气候、地形、地貌、土壤等自然特点
		可达性:公园绿地是否方便居民的进出和到达
		开放性:公园绿地对于城市居民的开放程度
		安全性:公园绿地在管理、监控和大型活动组织等方面,是否具备对安全问题的防范能力

注:作者自绘。

3.2.2 服务质量总体分析评价

1) 公园绿地的定量分析

笔者根据徐州市政府网站公布的 2020 年徐州统计年鉴,进行了如下总结。徐州市中心城区的公园绿地,分为综合公园、社区公园、专类公园和游园(表 3-2)。徐州市中心城区的公园绿地中游园的数量最多,占中心城区公园绿地数量的 72.2%,总面积为 1 007.49 hm²;中心城区公园绿地中总面积最大的为专类公园,总面积为 1 476.42 hm²,但数量最少,只有 28 个;综合公园共有 38 个,总面积为 1 173.95 hm²;社区公园共有62 个,总面积最小,为 219.25 hm²。

表 3-2 公园绿地统计数据

公园绿地类别	数量/个	总面积/hm²
综合公园	38	1 173.95
社区公园	62	219.25
专类公园	28	1 476.42
游园	332	1 007.49
合计	460	3 877.11

注:作者自绘。

据徐州市总体规划及从政府网站搜集的绿地资料可知,2019 年徐州市中心城区面积为 26 500 hm²,园林绿地面积约为 16 793 hm²;中心城区人均绿地面积为 45.45 m²,人均公园绿地面积 14.66 m²;建成区绿化覆盖率约为 43.7%,建成区绿地率约为 41%,万人拥有综合公园指数略大于《城市园林绿化评价标准》(GB/T 50563—2010)[84]中的指标,为 0.07(表 3-3)。

表 3-3 徐州市中心城区公园绿地数据指标

数据指标	数值
人均绿地面积	45.45 m²
人均公园绿地面积	14.66 m²
建成区绿化覆盖率	约 43.7%
建成区绿地率	约 41%
万人拥有综合公园指数	0.07

注:作者自绘。

从徐州市中心城区近 5 年来绿化覆盖率的情况统计来看,中心城区的公园绿地面积在逐年增加,与5年前相比增加了约7%,绿化覆盖率基本保持稳定(表3-4)。

表3-4　中心城区近5年公园绿地情况统计

年份	园林绿地面积/hm²	建成区绿化覆盖率/%
2015	15 727	43.7
2016	15 983	43.8
2017	16 165	43.8
2018	16 363	43.6
2019	16 793	43.7

注:根据2020年徐州统计年鉴改绘。

由于徐州市中心城区的框架范围较大,公园绿地对于城市边缘的居住区的服务存在一定的盲区,例如公园绿地位于城区边缘的镇区如鼓楼区的朱庄、夏庄村等区域,其服务存在一定盲区。整个中心城区的绿化覆盖率相较于江苏省其他城市来说,中等偏低,仍有提高的空间。

根据2020年徐州统计年鉴可知,2019年中心城区人口数量为291.6万人,通过不同区域的人口数和区域绿地面积的计算,可得出人均绿地面积(表3-5),鼓楼区的人均绿地面积为16.21 m²/人,泉山区的人均绿地面积为29.39 m²/人,铜山区的人均绿地面积为25.15 m²/人,云龙区的人均绿地面积为22.09 m²/人。泉山区由于地理区位优势,区域内有云龙湖公园、泉山森林公园等公园绿地,人均公园绿地面积在全市最高;鼓楼区人口数量在四个行政区中排第二,但是区域的绿地面积在四个行政区中排第三,人均绿地面积最少。

表3-5　人均绿地面积统计

行政区	总人口/人	区域绿地面积/hm²	人均绿地面积/(m²/人)
鼓楼区	633 586	1 027.04	16.21
泉山区	571 581	1 679.88	29.39
铜山区	1 333 161	3 352.90	25.15
云龙区	377 980	834.96	22.09

注:作者自绘。

据图3-10~图3-12分析徐州市中心城区现状的公园绿地建设的数量和面积情况可得知,游园的数量最多,社区公园次之,但是二者的面积相对综合公园和专类公园来说较小;鼓楼区公园绿地数量最多,其次是泉山区,云龙区公园绿地数量最少;专类公园建设情况相对较好,服务范围大,

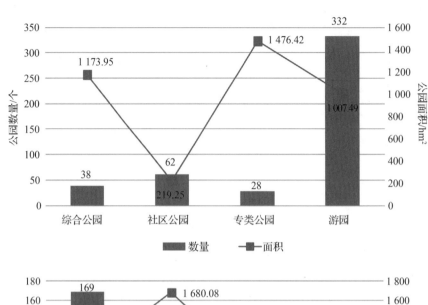

图 3-10　徐州市中心城区各类公园绿地数量及其面积图
图片来源:作者自绘

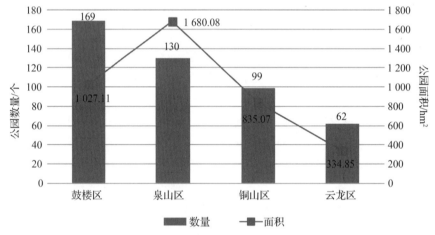

图 3-11　徐州市中心城区各区公园绿地数量及其面积图
图片来源:作者自绘

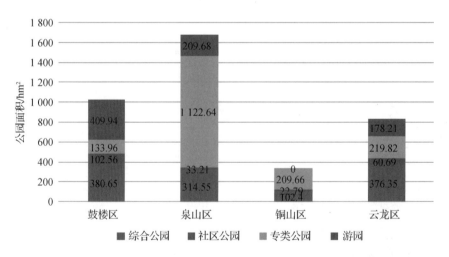

图 3-12　徐州市中心城区各区公园面积分布图
图片来源:作者自绘

占比极大,且多数分布在泉山区。风景区、森林公园或植物园等专类公园主要依托于徐州市优良的山水格局,虽然数量占比最少,但是投入建设力度大,绿化种植丰富,多数免费开放,周边交通方便,游人进入公园方便快捷,园内活动丰富;但是专类公园多为森林公园或自然风景区,专类植物园、动物园和历史名园的占比相对较少,仅在徐州市中心城区的北部有徐州市植物园,在泉山区建有主题乐园,部分管理较好、具有深厚文化底蕴的历史名园还未对市民免费开放,开放性仍需进一步提升。

徐州市中心城区的游园数量最多,多数呈见缝插绿式布局,沿着中心城区内的河道或湖泊分布,呈现带状的形式。由于地理位置的原因,多数游园分布于城市的边缘地带,城市的中心地带游园占比不多,受限于城市建设用地较为紧张,游园多数见缝插绿,连续性不强。在实地调研中发现,中心地带的社区公园建设水平较低,由于中心地带多为老小区,住宅用地紧张,未合理规划出绿化用地,且社区公园绿地的基础设施建设不完善,其多为老年人使用,但未能考虑到老年群体的需要。在徐州市云龙区的新建社区中,社区公园建设情况良好,基础设施配置等相对优于其他行政区。综合以上,徐州市中心城区综合公园面积情况在各个行政区内的情况较好,多数分布于居民集中居住的地区,但公园绿地内的活动种类、基础设施的建设等方面仍有可提高之处。

2) 公园绿地的定性分析

由于徐州市中心城区涵盖范围广,面积较大,要想走遍所有的公园绿地和居住区进行问卷调查和访谈不切实际,工作量过大。笔者认为对中心城区的典型公园绿地内的人群进行实际情况的了解更有意义。因为公园绿地内的人群是公园绿地的直接使用者,了解公园绿地的现状问题,清楚他们自身对公园绿地的需求,通过对他们进行问卷调查及访谈,对公园绿地的未来建设具有重要意义。通过问卷调查的方式,可以深入了解居民的需求,走进公园绿地内部,探求公园绿地的服务质量真正存在的问题,做到"以人为本",确保对公园绿地服务质量的准确评价。但是通过问卷调查的方式,确实会存在一定的误差,也容易存在主观性的判断,因此本书的问卷设计思路主要是针对服务质量的评价,根据《城市园林绿化评价标准》(GB/T 50563—2010)中评价公园绿地质量的标准确定评价的指标、进行题目设计,例如使用性方面,通过游客在公园停留的时间、访问公园的频率及访问公园的偏好等设计题目,保证对公园绿地服务质量评价的数据客观真实。笔者从中心城区公园绿地的使用性、服务性、适用性、可达性、开放性和安全性六个方面设计问卷,在城市公园绿地内进行了现场走访、问卷调查等调研。公园绿地类型涵盖了综合公园、社区公园、专类公园和游园。

本次调研共发出 300 份调查问卷，其中有效问卷回收了 288 份。在公园绿地使用性方面，主要通过居民在公园绿地内的停留时间、访问公园绿地的频率、常去的公园绿地类型及在公园绿地内的活动项目等问题进行调研。在公园绿地服务性方面，主要通过询问居民公园绿地内的基础设施建设情况、公园内部游览道路设计的方便程度、对公园绿地内有无障碍设施的情况、居民还希望在公园绿地内增加哪些基础设施等问题进行调研。在公园绿地适用性方面，通过调查公园绿地的自然环境情况、居民选择公园绿地休闲的原因以及居民希望在城市的哪些区域再增设公园等问题进行调研。在公园绿地可达性方面，因为后文会对徐州市中心城区的公园绿地的可达性进行详细的分析论述，因此这部分只是简要了解居民一般去往公园绿地的出行时间和出行方式。在公园绿地开放性方面，主要是了解居民去往公园绿地活动的时间段，以及实地查看公园绿地的开放程度。在公园绿地安全性方面，了解公园绿地的安全照明设施、监控设备、无障碍设施的设计安装情况，以及是否具有应急避险的场所。

从被调查者的基本信息可以看出，男女比例适当，说明样本的收集具有一定的可信度。从年龄分布来看，中老年群体是调查的主体人群，41～65 岁人群占比 39.93%，大于 66 岁的人群占比 27.78%，中老年群体占比高达 67.71%。从居民身份来看，多为上班族和退休人员，上班族人群占比 38.19%，退休人员占比 42.01%，学生占比 10.42%，其他人员和自由职业者占比 9.37%。从统计图中可以看出，中老年群体是公园绿地的主要使用者，因此公园绿地的建设要考虑周到，更多地考虑中老年人群对于公园绿地的需求，多从人的需求出发进行规划设计（图 3-13）。

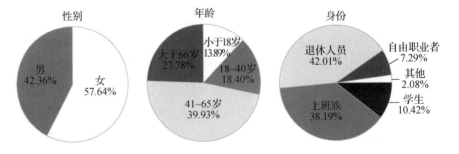

图 3-13　问卷调查结果基本信息图
图片来源：作者自绘

（1）公园绿地使用性

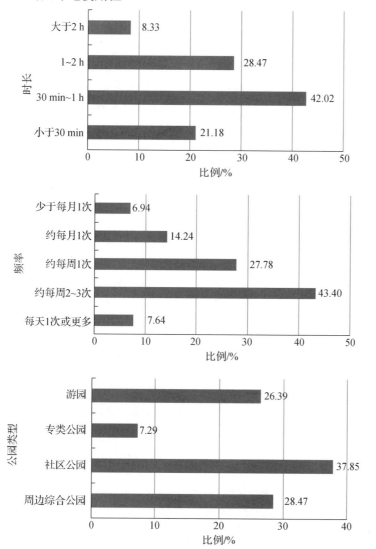

图 3-14　在公园内停留的时长
图片来源:作者自绘

图 3-15　访问公园的频率
图片来源:作者自绘

图 3-16　居民对公园绿地的偏好
图片来源:作者自绘

　　从图 3-14 可以看出,居民在公园绿地内停留 30 min 至 1 h 的人数占比最多,占 42.02%,而在公园绿地内停留 2 h 以上的居民人数仅占 8.33%。根据图 3-15 可以看出,居民访问公园绿地的频率约每周 2 至 3 次的占总量的 43.40%,占比人数最多,其次是约每周访问公园 1 次的,占 27.78%,从问卷结果可以看出,也有 6.94% 的人群访问公园的频率少于每月 1 次。根据图 3-16 居民对公园绿地的偏好可以看出,居民多倾向于选择访问社区公园和周边综合公园,占比分别为 37.85% 和 28.47%,对于专类公园的需求较少,占比为 7.29%。由此可见,徐州市中心城区的公园绿地的使用性有待提高,大部分居民在公园内仅作短暂停留,公园绿地无法吸引居民长时间驻足游玩。从调研结果可看出,有部分居民访问公园绿地的频率极低,因而公园绿地应该多提高自身的服务质量,增加相关的娱乐健身设施,提高公园吸引力,以吸引居民前往,充分利用公共资源,从而提高居民对公园绿地的使用率。

从表3-6可以看出,78.47%的居民在公园绿地内休憩,而进行健身等活动的居民占35.76%。在访谈中,居民普遍反映,公园绿地内的基础设施不够完善,设施数量不够,导致居民进入公园后无法进行健身运动,渐渐失去进入公园绿地的兴趣。因此,要加强公园内的基础设施建设,在公园内布置数量合适的休憩、娱乐、健身设施,如增加居民所提到的乒乓球台、羽毛球网、运动器械等设施。

表3-6 居民在公园内的主要活动

调查指标	样本信息	人数/人	占比%
在公园内的主要活动(可多选)	休憩	226	78.47
	娱乐活动(打牌、下棋)(可多选)	82	28.47
	健身(广场舞、跑步)	103	35.76
	文化(写生、专业学习)	21	7.29

注:作者自绘。

(2)公园绿地服务性

表3-7 居民对基础设施设置的建议

调查指标	样本信息	人数/人	占比%
期望公园中增加哪些基础设施(可多选)	休憩座椅	207	71.88
	健身器材	129	44.79
	垃圾桶等卫生设施(可多选)	43	14.93
	儿童游乐设施	170	59.03
	停车场	70	24.31

注:作者自绘。

笔者通过与公园绿地内的人群进行交流访谈可知,大多数居民对公园绿地内的基础设施建设情况是满意的,仅有少数人对公园绿地的服务质量不满意(图3-17)。在实地调查中笔者发现,徐州市中心城区的公园绿地内基础设施的建设情况相对较好,公园内的休憩设施、卫生设施较完善。从表3-7中看出,大部分的居民希望可以增加休憩的座椅。在实地调研中发现,一些中老年人带着儿童在公园内活动,而儿童却没有相应的活动设施,代际空间有所缺乏,从问卷调查中也可看出,59.03%的居民希望增加儿童游乐设施,满足儿童在公园绿地内的需求。公园绿地内道路

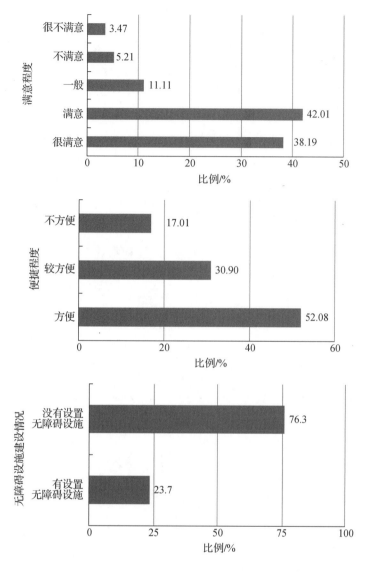

图 3-17 对公园基础设
施配套建设情况评价
图片来源:作者自绘

图 3-18 对公园道路设
计的便捷性情况评价
图片来源:作者自绘

图 3-19 对公园无障碍
设施建设情况评价
图片来源:作者自绘

的设计较为合理,居民在公园绿地内的散步等活动体验良好,52.08%
的居民认为公园绿地内的道路连接通畅,道路的设计很方便,且配备了
健身步道、指示牌及指示语等,不仅满足了市民日常的运动休闲需求,
也服务了外地游客的游赏需求(图 3-18)。但是 76.3% 的公园绿地内
没有配备完善的无障碍设施(图 3-19)。徐州市中心城区公园绿地中
活动的群体大部分为中老年群体,因而无障碍设施的建设十分重要,有
利于体现城市公园设计的人性化,让中老年群体在活动中感受到方便
与安心。因此,今后公园绿地的规划建设要重点关注无障碍设施的设
置,如在厕所内、台阶旁安置高度适中的扶手,在高差大的地方设置坡
道,方便中老年群体的行走等。

（3）公园绿地适用性

公园绿地的设置要迎合城市的地形、地貌，符合城市的定位，才能让公园绿地的生态性、社会性等价值充分发挥。从表3-8可看出，71.53%的居民因为环境的优美而选择来到公园内游憩，且大部分的居民对城市公园绿地内的绿化情况感到满意，仅有3.47%的居民对绿化情况很不满意（见图3-17），这说明徐州市中心城区的公园绿地内的植物景观、风貌的设置等符合徐州市的地形地貌，符合城市的定位，居民对公园绿地的环境较为满意。有64.24%的居民希望可以在滨水区或河道周围增设公园，而希望在交通枢纽增设公园的人数占比较少（表3-8）。这说明居民普遍希望公园绿地的设置可以结合水域等地形地貌，发挥出最大的观赏价值。借助徐州市中心城区丰富的河网，今后的公园绿地的规划建设可以多依托河网进行，并可将河道周围现有的公园绿地系统规划，形成整体，丰富居民的活动空间。

表3-8　公园绿地营造适用性

调查指标	样本信息	人数/人	占比/%
选择公园绿地进行休憩的原因（可多选）	距离近	144	50.00
	环境优美	206	71.53
	交通便利	41	14.24
	设施齐全	62	21.53
期望在中心城区的哪些区域增设公园（可多选）	居住区周边	164	56.94
	城市滨水区或河道周围	185	64.24
	交通枢纽区域周围	30	10.42
	商业建筑周边	127	44.10

注：作者自绘。

（4）公园绿地可达性

对公园绿地的可达性评价方面，后文将进行详细的分析，所以此处仅作简要的论述。

从图3-20和图3-21可以看出，居民一般到达公园绿地的通行时间在20 min以内，占比一共达到63.99%；在出行方式的选择上，居民多数选择步行或者乘坐公共交通，占比分别是47.92%和25.69%。这说明徐州市中心城区公园绿地的可达性较合理，居民可以花费较少的出行成本获得公园绿地的服务。在公园绿地的实地调研中发现，大部分公园绿地具有多个出口，居民可以方便地进出。例如云龙公园，有5个出入口，居民可以根据使用需求进入不同的功能区进行休闲娱乐。

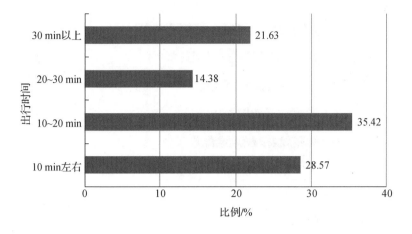

图 3-20　出行时间
图片来源:作者自绘

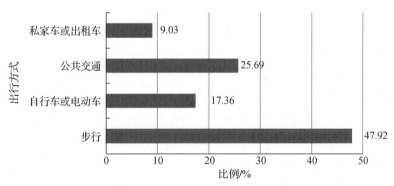

图 3-21　出行方式
图片来源:作者自绘

（5）公园绿地开放性

通过图 3-22 居民访问公园绿地的时间段,并结合实际调研的结果,可以看出大部分公园绿地是 24 h 开放的,居民多选择在傍晚、晚上和早上进入公园,这与公园绿地的使用人群及他们的生活习惯相吻合。公园绿地内的中老年群体较多,他们多选择在早上或傍晚的时候进入公园进行锻炼等健身娱乐活动。而白天,由于工作生活的需要,进入公园的人数明显比早上、傍晚和晚上少。中心城区的公园绿地的开放程度较高,多为免费对外开放,且大部分公园绿地有多个出口,与外部环境联系紧密,城市中处处见绿。在中心城区中,仅有少部分具有历史保护性质的公园,如快哉亭公园、两汉文化景区等需要购票入园。在未来的公园绿地建设中,可以多增加街头游园,提高公园绿地的开放程度,营造花园城市氛围。

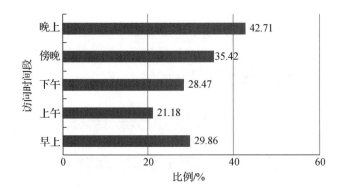

图 3-22 访问公园的时间段
图片来源：作者自绘

（6）公园绿地安全性

从表 3-9 中可以看出，公园绿地的安全问题较为突出，存在照明设施、监控设施不完善的情况；有 35.42％的居民认为公园绿地内缺乏一定面积的应急避险场所，存在一定的安全隐患；51.73％的居民认为公园绿地内部功能单一，缺乏一定的游乐项目。有 40.28％的居民认为公园绿地的安全控制能力一般，24.31％的居民对安全控制能力不满意甚至评价更差。这些统计数据说明一定数量的公园绿地仅能满足居民小范围的休憩健身的需求，缺乏组织大型活动的控制能力，而且大部分公园没有设置监控设备，对于安全方面的监控不到位。因此，今后的建设中，要注重安全方面的监管，保证居民在公园内活动的身心健康问题，要设置一定空间的应急避险场所，不能为了满足绿地覆盖率而忽略安全性。

表 3-9 公园绿地的安全性问题

调查指标	样本信息	人数/人	占比/％
现状问题（可多选）	功能单一，缺乏游乐项目	149	51.73
	照明设施不完善	61	21.18
	监控设施不完善	138	47.92
	没有设置大面积空地应急避险	102	35.42
在组织大型活动及安全控制方面的能力满意程度（可多选）	很满意	43	14.93
	满意	59	20.49
	一般	116	40.28
	不满意	54	18.75
	很不满意	16	5.56

在进行问卷调查时，笔者也着重询问了居民对于公园绿地建设方面的总体意见（表 3-10）。对于未来建设公园的类型中，希望建设植物园的居民占比最大，为 39.93％；其次是儿童游乐园，占比为 28.82％；对历史

名园的需求较少,占10.42%。多数居民还是期望拥有环境优美、设施齐全的公园绿地,这与实地调研的结果相吻合。徐州市中心城区内专类公园的种类有待增加,部分专类公园承担着多种功能,如:泉山森林公园还同时承担着野生动物园的功能;在西苑体育休闲公园内,还设置了儿童游乐场所。复合式的公园绿地可以满足区域内居民的多种需求,但是城市中专类公园种类的增加,可以大大提升公园绿地对整个城市居民的服务水平,因此增加中心城区内的专类公园种类很有必要。对于未来公园绿地建设方面的意见,大部分居民希望可以加强绿化管理,占比达29.86%;27.78%的居民希望可以增加公园绿地数量;26.04%的居民希望可以完善公园绿地的设施;13.89%的居民希望可以完善公园绿地周边交通;只有2.43%的居民希望可以增大公园绿地面积。由此可见,居民对于公园的面积要求不高,但是对于公园的空间布局以及公园对居民的吸引力比较看重。

表 3-10　居民对公园绿地的期望

调查指标	样本信息	人数/人	占比/%
期望增设的公园类型	植物园	115	39.93
	动物园	60	20.83
	历史名园	30	10.42
	儿童乐园	83	28.82
对公园绿地建设的意见	增加公园绿地数量	80	27.78
	增大公园绿地面积	7	2.43
	完善公园绿地周边交通	40	13.89
	完善公园绿地的设施	75	26.04
	加强绿化管理	86	29.86

注:作者自绘。

3.2.3　服务质量具体分析评价

在通过实地调研和问卷调查了解了徐州市中心城区公园绿地的整体服务质量后,为了能够为徐州市典型公园绿地的建设进行针对性的提升,笔者根据徐州市公园绿地类型的不同,选取了一些较为典型的公园绿地,结合在公园内与居民的访谈,对其服务质量进行了详细的评价、总结,并提出针对性的建议,具体如下。

1）金龙湖宕口公园

金龙湖宕口公园(图 3-23、图 3-24),属综合公园,绿地面积 35.24 hm²,服务质量评价见表 3-11。

表 3-11　金龙湖宕口公园服务质量评价

项目	评价
使用性	游客一般在该公园内停留时间较久,2 h 以上,公园内服务设施齐全,游客的使用感受普遍良好。公园内多聚集青少年、中老年,大多进行打羽毛球、打篮球、跑步等体育锻炼及娱乐活动
服务性	公园内设施齐全,有球台、球场等运动场所,座椅、健身步道设置到位,在高差较大的地方设置了坡道
适用性	公园内绿化种植情况良好,是由矿山修复的山地公园,景观独特,迎合了周边矿山的地形地貌
可达性	周边交通发达,位于交通枢纽的附近,居住人口多,可达性较好
开放性	公园内多数为中老年群体,大多在早上或傍晚进入公园进行体育锻炼。该公园有 9 个出入口,全天免费开放
安全性	照明设施完善,能够满足夜晚广场上的活动需求,有一定面积的应急避险场所,但监控的设置仍需完善

注:作者自绘。

图 3-23　金龙湖宕口公园 I
图片来源:作者自摄

图 3-24 金龙湖宕口公园Ⅱ
图片来源:作者自摄

2) 大龙湖公园

大龙湖公园,属综合公园,绿地面积 319.5 hm²,服务质量评价见表 3-12。

表 3-12 大龙湖公园服务质量评价

项目	评价
使用性	公园面积较大,一般游客会在园内停留 2 h 以上。园内常有幼儿、青年、中老年人进行运动、休闲、旅游,会有野外聚餐等活动
服务性	园内活动场地多,基础设施完善,游线设置合理,滨湖游步道设施完善,亲水性强
适用性	公园内植物配置丰富,种植良好,是城市中心的自然氧吧。符合该区域的地形地貌
可达性	由于该公园面积大,离居住区较远,目前公共交通不够方便。通过与园内游人交谈得知,他们到达该公园用时较多,因而来此公园的频率不高。该公园可达性较弱,希望可以多开通一些专门的游览线路,减少游览的出行成本
开放性	该公园有 8 个出入口,与周边的顺堤河公园形成整体,开放性较强
安全性	公园绿地面积大,缺乏一定的监控设备。靠近水面的游步道没有设置安全护栏,存在安全隐患

注:作者自绘。

3) 市民广场

市民广场,属综合公园,绿地面积 18.27 hm²,服务质量评价见表 3-13。

表 3-13 市民广场服务质量评价

项目	评价
使用性	周边居住人口多,居民常来该公园开展体育锻炼、散步和球类运动,以及跳广场舞等娱乐活动,停留时间多数在 30 min 至 1 h,使用率较高

（续表）

项目	评价
服务性	公园内基础设施完善,有乒乓球台、羽毛球架等运动设施供市民运动休闲。设置有无障碍通道,较为人性化
适用性	公园内绿化状况优良,位于城市中地势平坦的区域,适合居民开展体育健身活动
可达性	周边多为商住用地,居民常聚集在此公园进行运动。公园周边公共交通便捷,是老城区中的一处活力区域,可达性高
开放性	免费全天候向市民开放,共有 6 个出入口,紧邻滨湖公园、云龙湖风景区,开放性强
安全性	照明等设施完善,有一定的监控设施,安全性能较其他公园绿地高。具有一定面积的紧急避险场所

注:作者自绘。

4) 云龙公园

图 3-25　云龙公园 I
图 3-26　云龙公园 II
图片来源:作者自摄

云龙公园(图 3-25、图 3-26),属综合公园,绿地面积 24.72 hm^2,服务质量评价见表 3-14。

表 3-14　云龙公园服务质量评价

项目	评价
使用性	居民常进行体育锻炼、唱歌、跳舞等体育娱乐活动,但是健身器材数量有所不足,居民对公园绿地的使用率不高
服务性	公园内基础设施完善,亭廊桥相连,道路设置合理,设置有方便老人活动行走的坡道
适用性	景观较为突出,多利用一些置石作为特色景点,充分利用地形高低起伏的优势,打造独特的景观,是城区中心地带的一处绝佳风景点
可达性	该公园位于交通发达的区域,居民到达该公园的出行成本较低,公园的可达性较高
开放性	居民常在早上或傍晚来公园内锻炼休闲,参与度高。该公园有 4 个出入口,开放性较强
安全性	在临水的区域设置有安全护栏,具有一定的安全性,但是由于场地的限制,缺乏一定的应急避险场所

注:作者自绘。

5）古黄河公园

古黄河公园（图 3-27、图 3-28），属社区公园，绿地面积 7.62 hm²，服务质量评价见表 3-15。

图 3-27　古黄河公园 Ⅰ
图 3-28　古黄河公园 Ⅱ
图片来源：作者自摄

表 3-15　古黄河公园服务质量评价

项目	评价
使用性	多聚集老年群体，园内的大多数游客居住在公园周边，来公园距离短，会长时间停留在公园内进行活动
服务性	该公园是一个反邪教主题的沿河带状公园，基础设施较完善，但是缺乏一定数量的休憩座椅，不少居民自备座椅来到公园进行活动。公园周边多为老小区，居民多进行唱歌、跳舞、下棋等活动
适用性	公园内绿化养护状况不佳，植物配置的层次相对单一。该公园与河道景观相呼应，布局符合该区域的地形地貌，但与城市的景观风貌不够协调。后期要加强植物的配置种植
可达性	公园周边居民人口密度大，交通较发达，可达性较高
开放性	该公园沿古黄河河道布局，开放性强，与河道景观相呼应
安全性	公园内照明设施有所欠缺，横跨在古黄河上的桥梁缺乏坡道的设置，对于腿脚不便的人不够方便

注：作者自绘。

6）西苑体育休闲公园

西苑体育休闲公园，属社区公园，绿地面积 4.28 hm²，服务质量评价见表 3-16。

表 3-16　西苑体育休闲公园服务质量评价

项目	评价
使用性	公园内多老年群体聚集，在园内进行交际舞、锻炼、球类运动等，活动项目丰富。公园富有生机，吸引力极高，使用性强
服务性	园内基础设施较完善，有球场、儿童游乐场、直饮水机、坐凳、主题雕塑等，服务水平较高

（续表）

项目	评价
适用性	位于地势平坦的场所,符合区域的地形地貌,但植物景观不够突出
可达性	该公园位于老社区内,周边公共交通发达,居民人口密度大,来此公园花费的时间成本较低,可达性高
开放性	位于大型社区内,开放性强,人群活力大
安全性	台阶的周围缺乏无障碍设施,缺乏监控设备,存在一定的安全隐患

注:作者自绘。

7)华厦生态公园

华厦生态公园,属社区公园,绿地面积 1.48 hm²,服务质量评价见表3-17。

表 3-17 华厦生态公园服务质量评价

项目	评价
使用性	居民在公园内多进行休憩、舞剑等休闲活动,公园内缺乏健身等活动设施,因而居民一般在早晨来园进行简单活动,使用性不强
服务性	园内基础设施不完善,没有配置相应的休息座椅及可供娱乐的场所,水池荒废,出现断头路等情况,公园服务水平差
适用性	公园内绿化种植情况不佳,植物配置单一,养护不到位,呈现衰败的景象,与周边的中高端社区形象不匹配
可达性	公园位于几个社区之间,人流量大,来园花费的时间短,可达性高
开放性	公园有 4 个出入口,开放性强
安全性	园内有多处台阶,但没有无障碍设施,设计不够人性化

注:作者自绘。

8)泉山森林公园

泉山森林公园,属专类公园,绿地面积 306.15 hm²,服务质量评价见表3-18。

表 3-18 泉山森林公园服务质量评价

项目	评价
使用性	可以进行动植物观赏、科普学习、野外聚餐等娱乐活动,使用性较高
服务性	基础设施完善,游览线路的设置较丰富,服务水平高
适用性	绿化情况良好,植物种类丰富,生物多样性丰富,依山而建,迎合了地形地貌
可达性	有一定的出行时间成本,但周边交通发达,因而可达性一般
开放性	该公园受地形影响,依山而建,有 3 个出入口,开放性有待加强
安全性	在大型水域附近缺乏一定的安全防护,园内植物种植较多,用于应急避险的场所较少

注:作者自绘。

9）云龙湖风景区

云龙湖风景区（图 3-29、图 3-30），属专类公园，绿地面积 99.2 hm³，服务质量评价见表 3-19。

图 3-29 云龙湖风景区Ⅰ
图 3-30 云龙湖风景区Ⅱ
图片来源：作者自摄

10）顺堤河公园

顺堤河公园，属游园，绿地面积 66.23 hm²，服务质量评价见表 3-20。

表 3-19 云龙湖风景区服务质量评价

项目	评价
使用性	是中心城区人群聚集之处，可以进行划船、沙滩游玩，还可以通过亲水步道上岛欣赏景色。园内游客大部分对公园的质量评价较高
服务性	公园人气旺盛，基础设施完善，还配有共享设施、共享交通工具，可供游人骑游公园
适用性	依托云龙湖建造，风景绝佳，契合地形地貌，是城市中的活力点
可达性	周边人口密度大，来园方便，时间成本低，可达性高
开放性	公园面积大，服务设施完善，免费开放，与滨湖公园、市民广场相接，开放性高
安全性	湖边有一定的防护措施，公园内有保安巡逻，安全性较高

注：作者自绘。

表 3-20 顺堤河公园服务质量评价

项目	评价
使用性	河岸设有游步道，公园内的休憩设施较完善，但该公园的游乐设施不完善，人群的使用性不太高
服务性	一般进行散步等休憩活动，道路设置便捷，但缺乏无障碍设施
适用性	植物配置多选用水杉，沿河道布局，有一定的适用性
可达性	周边多为政府办公场所。与游客交谈发现，由于出行的时间成本较高，大多数游客不常来此公园，可达性低
开放性	该公园与城市道路相接，开放性较强
安全性	沿河岸没有防护措施，有居民在此垂钓、游玩，存在安全隐患。带状布局，不适合开展大型活动

注：作者自绘。

11）青年园

青年园,属社区公园,绿地面积 4.42 hm²,服务质量评价见表 3-21。

表 3-21　青年园服务质量评价

项目	评价
使用性	居民一般在早上或下午进入园内进行娱乐活动,停留时间较长,使用率较高
服务性	硬质景观较多,植物养护一般,休憩设施少,有健身器械,但多被周边居民占用堆放杂物,景观性不佳,居民没有休憩的地方
适用性	沿古黄河河道分布,与地形相吻合
可达性	周边居民人口数量多,交通发达,可达性较高
开放性	与城市道路相邻,开放性强
安全性	有监控设备的设置,紧邻道路的一层缺乏停车桩、栏杆等安全防护

注:作者自绘。

12）滨湖公园

滨湖公园,属综合公园,绿地面积 24.29 hm²,服务质量评价见表 3-22。

表 3-22　滨湖公园服务质量评价

项目	评价
使用性	居民一般在傍晚和早晨在公园内进行体育锻炼。该公园与云龙湖风景区相接,大多是家长带孩子在此公园内玩耍,中老年人群在健康步道散步锻炼,使用率高
服务性	公园内植物修剪较整齐,内有坐凳、直饮水机等设施,有亲水栈道、沙滩等,上层设置了健康步道,但是缺乏无障碍设施
适用性	与云龙湖景观相呼应,符合城市风貌
可达性	位于城市中心地带,周边交通发达,可达性高
开放性	出入口多,开放性强
安全性	沿湖边有安全防护栏,但是由于高差的影响,多设置台阶,缺乏坡道的设置

注:作者自绘。

3.2.4　小结

本节通过相关文献的研究梳理,并依据城市园林绿化评价标准选取了相关指标,对数据进行整理,通过现场的调研,评价了徐州市中心城区的公园绿地服务质量。首先,对徐州市中心城区公园绿地的服务质量进行总体的分析评价,提出公园绿地中有待提升的方向;其次,选取了中心城区中典型的公园绿地,对不同类型的公园绿地进行服务质量的具体评价。

总体来说,徐州市中心城区公园绿地服务质量良好。人均公园绿地面积、城市绿地率及绿化覆盖率等满足城市的规划要求,但在有些方面还可以进一步提升。其一,使用性方面,大部分公园绿地使用率高,但仍要提高公园绿地的质量,如增加健身设施、娱乐设施的布置,提高居民的使用率,吸引居民在公园绿地内驻足,充分利用公共资源。其二,服务性方面,中心城区大部分公园绿地基础设施建设情况良好,配备一定的休憩座椅,但仍需增加公园绿地的健身、娱乐设施,增加体育休闲的场所,如设置乒乓球台、布置标准规范的健康游步道等。此外,公园绿地还存在着无障碍设施数量不足的问题,无法满足身体不方便的居民在公园内活动的要求,因此还应完善公园绿地内的无障碍设施的设置。其三,适用性方面,徐州市中心城区的公园绿地大多符合区域的地形地貌,有的依山而建,有的临水而建,充分利用了自然资源。在后续的建设中,可以多增加相关的专类公园,如植物园、动物园等,弥补城市中该类公园的缺失,同时利用好徐州的丰富自然资源。其四,可达性方面,中心城区公园绿地的布局较为合理,但仍存在服务盲区,在后文中会对可达性进行详细的评价与分析。其五,开放性方面,中心城区大部分公园绿地开放性较强,都是 24 h 免费开放,居民可以自由进出公园进行活动。古黄河河道周边的公园绿地可以系统性开发带状公园绿地,使其形成整体,加强中心城区公园绿地的开放性与连续性。其六,安全性方面,大部分公园绿地具有大面积的活动空间,具有组织大型活动的能力,但是在照明设备、监控设备等安全设备的设置上缺乏管理,尤其是沿湖、沿河道周边的绿地,要加强护栏的设置,保证安全性,减少安全隐患。

3.3 服务空间公平性研究

通过对国内外相关文献的梳理分析可以看出,公园绿地服务的公平性发展主要经历了三个阶段:数量公平、空间公平和社会公平。现阶段,主要研究多集中于空间公平和社会公平,通过对公园绿地服务公平性的研究,将对公园绿地由关注"量"到关注"人",注重整个中心城区公园绿地的空间公平和社会公平。

本节将对徐州市中心城区公园绿地的可达性进行总体分析,衡量中心城区市民到达公园绿地的便捷程度,接着通过对每个行政区的具体分析,研究每个行政区公园绿地的可达性。之后引入洛伦兹曲线和基尼系数对公园绿地的资源进行社会公平性分析,并通过中心城区居住区房价的高低,结合公园绿地的布局,综合分析公园绿地的社会公平性。通过空

间可达性及社会公平性,研究徐州市中心城区公园绿地的服务公平性
(图 3-31)。

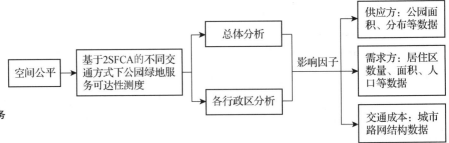

图 3-31 公园绿地服务空间公平性评价框架
图片来源:作者自绘

3.3.1 数据收集与整理

本节的研究将用到两部分的数据:一部分是空间数据,包括徐州市中心城区的边界范围、中心城区的公园绿地数据、中心城区的道路交通网络数据、中心城区的居住区数据;另一部分是统计数据,包括徐州市中心城区的居住区人口数据、中心城区居住区的平均房价数据等。数据来源均真实有效。

1) 中心城区公园绿地数据

中心城区公园绿地的数据来源于徐州市市政园林局提供的徐州市中心城区绿地现状 CAD 图、徐州市规划区现状各类绿地现状图及徐州城市总体规划中心城区用地现状图。笔者提取了其中综合公园、社区公园、专类公园及游园的信息,整合成中心城区公园绿地的信息(表 3-23)。

表 3-23 徐州市中心城区公园绿地分类依据

公园类型	研究区内划分依据
综合公园	规模大于 10 hm²,内容丰富,绿地内游憩设施和管理服务设施完善,例如金龙湖宕口公园等
社区公园	规模大于 1 hm²,为一定社区范围内的居民服务,方便附近居民开展日常活动,例如西苑体育休闲公园
专类公园	主要以风景名胜区、湿地公园、森林公园、历史名园等为主,例如泉山森林公园
游园	规模较小,是方便居民就近进入的绿地,本书中主要以街旁绿地、带状公园为主,例如顺河堤公园

注:作者自绘。

根据实地的调研,并结合高清遥感影像地图对主要公园绿地的空间位置、面积等信息进行进一步的校验修正,完善了徐州市中心城区公园绿地现状 CAD 图,将其导入 ArcGIS 中,生成可编辑的矢量面状数据。根据图 3-32 可知,徐州市中心城区中具有多条呈带状分布的公园绿地,多

数沿河岸布置,但未形成体系,呈散点分布。中心城区游园数量最多,共有 332 个,大多在城区中"见缝插绿"式布置。专类公园多分布于泉山区和鼓楼区北部。鼓楼区的老城区及东部边缘地带公园绿地数量较少,分布略显不足。

N

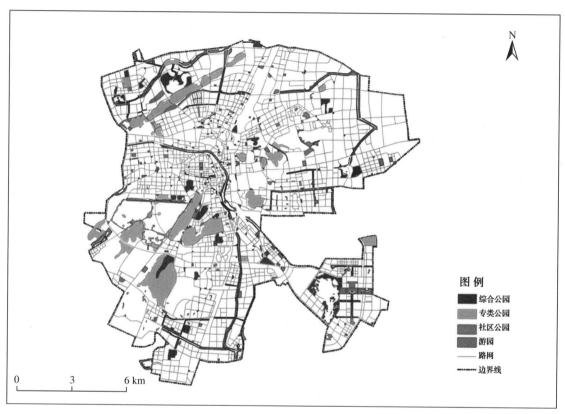

图 例
■ 综合公园
■ 专类公园
■ 社区公园
■ 游园
── 路网
----- 边界线

0　　3　　6 km

图 3-32　徐州市中心城区公园绿地图
图片来源:作者自绘

2) 道路交通网络数据

完整精确的道路交通网络数据对于研究公园绿地的服务公平性至关重要。本书道路交通网络图的数据来源于徐州市市政园林局提供的徐州市绿地系统规划 CAD 图,通过整理,并对照百度地图中的路网数据及实地调研得出的结果,梳理出徐州市中心城区的道路交通网络。通过徐州市公交线路的查询,获取了徐州市中心城区 108 条公交线路,并绘制成图;借助 ArcGIS 平台,提取了道路中心线并进行拓扑校正后输出为 shp 格式文件,构建了徐州市中心城区道路网络数据集(图 3-33)。从图中可知,徐州市中心城区公交路网基本覆盖完整,但在鼓楼区北部以及铜山区的南部仍有部分区域公共交通没有完全覆盖。

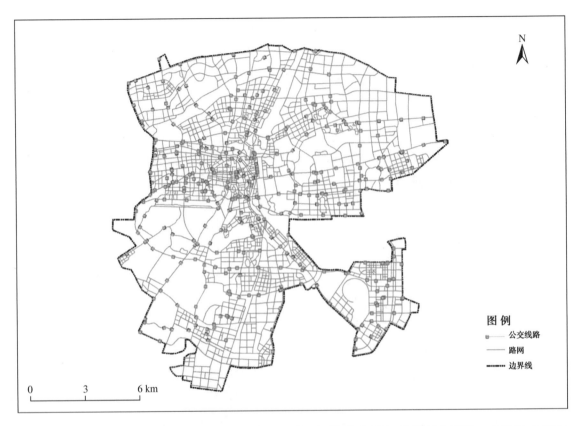

图例

☐ 公交线路
── 路网
·─·─ 边界线

0　3　6 km

图 3-33　徐州市中心城区道路交通网络图
图片来源：作者自绘

在建立好上述交通网络后，笔者参照相关规范与研究，对各类出行方式的速度进行赋值，将步行速度赋值为 5 km/h，自行车速度赋值为 15 km/h，机动车速度赋值为 30 km/h。这些数据为后文采用 OD 成本距离计算各居住区到公园绿地的最短时间做了准备。

3）中心城区居住区数据

笔者以高清遥感影像图做基础，借助百度地图现状社区位置分布等，对徐州市中心城区居住区的基础数据进行绘制，借助 ArcGIS 平台对数据进行校验修正，最终得到徐州市中心城区 646 个居住区的位置、面积等矢量面状图层（图 3-34）。居住区的基础数据将为本书从居住区的尺度研究徐州市中心城区公园绿地的服务公平性做了准备。

在得到居住区的面数据后，笔者将居住区的面数据转换成了点数据。根据周爱华等人[85]的研究，用居住区的质心代替居住区数据是可行的，其对研究结果的影响不大，从居住区的质心到达公园绿地的公平性相当于各居住区的平均公平性。

4）人口数据

从街道尺度对公园绿地服务的公平性进行研究难免会有未覆盖到的地方，精度不高。研究尺度越小，则研究精度越高，所以本书选择居住区

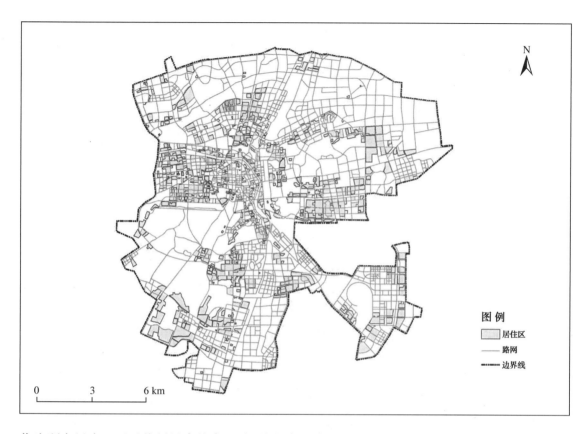

图 3-34 徐州市中心城区居住区分布图
图片来源:作者自绘

作为研究尺度。通过徐州贝壳找房网站、徐州房天下网站,查找到各居住小区的户数等基本信息(图 3-35),结合 2020 年徐州统计年鉴中记录的数据,徐州市 2019 年常住人口平均每户为 3.2 人(表 3-24)。

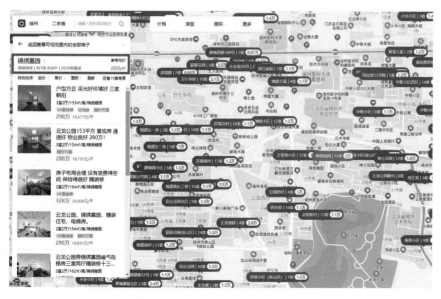

图 3-35 徐州市中心城区居住区住户人数信息
图片来源:作者自摄

根据人口计算公式"人数＝平均每户人数 * 户数",计算得出每个居住小区的常住人口，借助 ArcGIS 平台，对 646 个居住区添加新字段"居住区人数"，计算并录入人口数据，形成徐州市中心城区居住区人口数据库。

表 3-24　2016—2019 年常住人口平均每户人数

年份	平均每户人数/(人/户)
2016	3.21
2017	3.22
2018	3.20
2019	3.20

注：根据 2020 年徐州统计年鉴改绘。

从图 3-36 中可以看出，徐州市鼓楼区老城区人口居住较多，在鼓楼区东部，因为多数住宅为安置小区，居住区容纳人口多，居住区人口密度最高。在中心城区的边缘地带，人口相对较为稀疏。

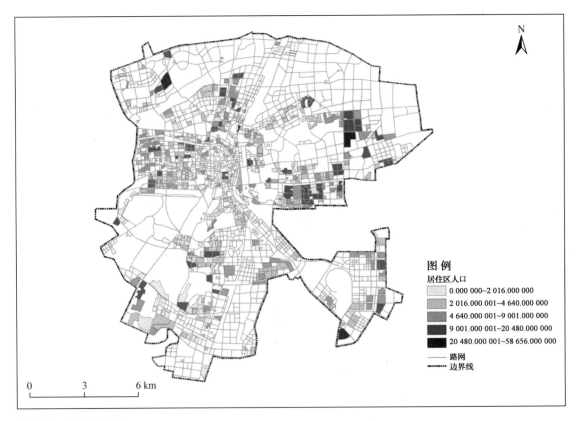

图 3-36　徐州市中心城区居住区人口分布图
图片来源：作者自绘

3.3.2　服务空间公平性分析

1) 研究步骤

本书通过 ArcGIS 平台,选择居住区的质心作为居住区需求方,提取公园绿地的几何中心作为公园绿地供应方,采用两步移动搜索法(2SFCA)分析徐州市中心城区公园绿地的可达性。居住区质心数据包括居住区面积及居住区人口数据,公园绿地几何中心数据包含公园面积等数据。利用 ArcGIS 中的网络分析模块,即 Network Analyst,新建 OD 成本矩阵,加载 646 个居住区数据,460 个公园绿地数据,计算 194 209 条线路,得到 OD 成本矩阵(图 3-37)。

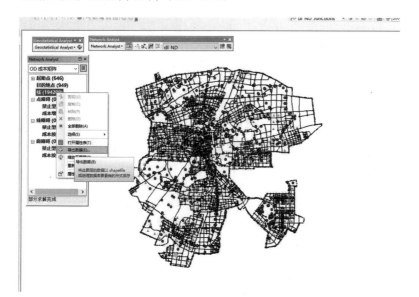

图 3-37　创建分析图层
图片来源:作者自摄

根据上文对不同出行方式的速度进行的赋值,计算出每个居住区到达公园绿地的最短时间(图 3-38)。

图 3-38　不同出行方式最短距离
图片来源:作者自摄

根据公园绿地的分布情况,设定 30 min 为出行的范围阈值,整理出步行、自行车及机动车这三种出行方式在 30 min 阈值内能够通行的路线(图 3-39)。

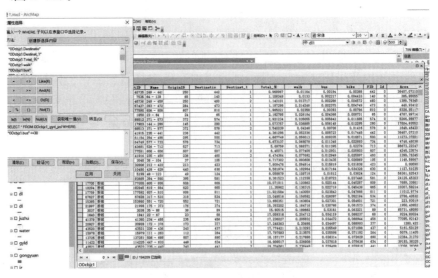

图 3-39　提取 30 min
出行阈值范围
图片来源:作者自摄

将公园的面积数据和居住区的人口数据相链接,并利用算式"面积/人口"得出不同出行方式下的公园供需比(图 3-40)。

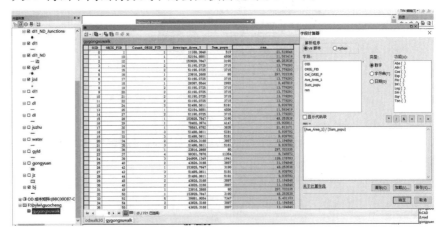

图 3-40　不同出行方式
下的公园供需比
图片来源:作者自摄

利用自然间断点分析法,对公园绿地在不同出行方式下的可达性结果进行分级比较。两步移动搜索法(2SFCA)的计算公式如下:

$$A_i^F = \sum_{j \in (d_{ij} \leqslant d_0)} R_j = \sum_{j \in (d_{ij} \leqslant d_0)} \frac{S_j}{\sum\limits_{j \in (d_{ij} \leqslant d_0)} P_k}$$

公式中,A_i^F 表示利用两步移动搜索法(2SFCA)计算出的居住区 i 的可达性,R_j 表示公园绿地 j 的服务供值,S_j 表示公园绿地 j 的服务供给规模,P_k 表示研究范围内人口的数量,d_0 表示出行的时间阈值,d_{ij} 表示居住

区 i 和公园绿地 j 之间的出行时间。

2）不同出行方式下公园绿地可达性总体分析评价

（1）步行出行方式

基于 2SFCA 对徐州市中心城区 646 个居住区进行了公园绿地可达性的分析，得到了步行出行方式下的可达性分级结果，将公园可达性分为 5 个等级，分别是低、较低、一般、较高和高。图 3-41 中不同深度代表公园绿地可达性指数，颜色越深代表公园绿地可达性越好、越公平，颜色越浅则表示可达性程度越低、越不公平。公园绿地步行出行方式下可达性整体上呈现北高南低、东高西低的局面，由西向东可达性逐渐增强。

图 3-41 步行出行方式下徐州市中心城区公园绿地可达性图
图片来源：作者自绘

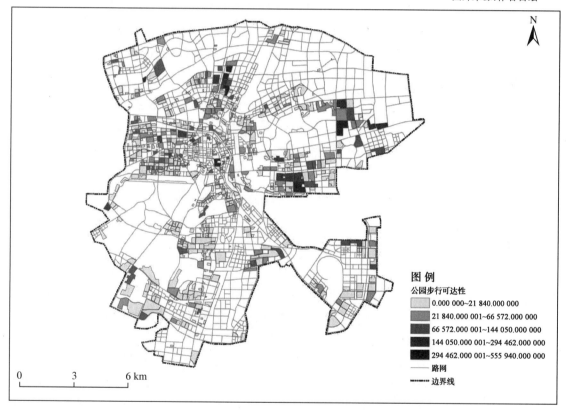

图 例

公园步行可达性

- 0.000 000~21 840.000 000
- 21 840.000 001~66 572.000 000
- 66 572.000 001~144 050.000 000
- 144 050.000 001~294 462.000 000
- 294 462.000 001~555 940.000 000
—— 路网
‑‑‑‑‑‑ 边界线

0   3   6 km

步行出行方式下徐州市中心城区公园绿地可达性较高的区域多在鼓楼区的北部和东部，云龙区北部公园绿地的可达性也较高。鼓楼区公园绿地可达性较高的区域多聚集在庆云桥至九里山地铁沿线，以及鼓楼区政府附近，包括王场小区、滨河花园小区、郡望花园小区等，金龙湖宕口公园附近公园绿地的可达性也呈现较高的现象。鼓楼区公园绿地可达性高多是因为区域内有多处综合公园，老城区游园分布多，绿地呈见缝插绿式布局。此外，金龙湖宕口公园面积大，相关建设和基础设施完善，是政府重点修复的矿山公园，且金龙湖宕口公园附近居住区密集，多为政府统一安排的安置小区,社区面积大,人口众多。在泉山区和铜山区范围内,虽然区域内有云龙湖风景区和泉山森林公园,但周边居民人口稀疏,老城区的居民来此距离远、用时长,因而铜山区和泉山区的公园绿地可达性不如鼓楼区高。

在徐州市中心城区范围内,可达性低的居住区包括碧水湾小区、永嘉太阳城小区、风华园小区等 465 个居住区,占比达 72.0%;可达性较低的居住区包括中茵龙湖国际、中锐星尚城等 115 个居住区,占比 17.8%;可达性一般的居住区包括如意家园、翡翠城等 45 个居住区,占比 7.0%;可达性较高的社区包括东贺安置小区、上山小区等 14 个居住区,占比 2.2%;7 个可达性高的居住区是万科橙郡、滨河花园、华商清水湾、祥和小区、建国小区、城置国际花园城、绿地世纪城,占比为 1.1%。根据表 3-25 的具体分级数量,可见步行出行方式下徐州市中心城区公园绿地的可达性程度低,有待进一步提升。

表 3-25　步行出行方式下公园绿地可达性分级数据

等级	可达性值	居住区数量/个	占比/%
低	0.000 000～21 840.000 000	465	72.0
较低	21 840.000 001～66 572.000 000	115	17.8
一般	66 572.000 001～144 050.000 000	45	7.0
较高	144 050.000 001～294 462.000 000	14	2.2
高	294 462.000 001～555 940.000 000	7	1.1

注:作者自绘。

（2）自行车出行方式

自行车出行方式下的徐州市中心城区公园绿地可达性一般。多数古黄河沿岸公园绿地的可达性高;城市边缘区域如铜山区南部、鼓楼区东北部公园绿地服务空间可达性不佳,存在一定的服务盲区,鼓楼区东北部主要是金山桥片区,该片区多数为工业区,对绿地的重视程度不够,区域内生活性供给公园资源不足。自行车出行方式下徐州市中心城区公园绿地可达性一般的主要原因还包括公园绿地的数量不足,公园绿地与道路的交通连接不够紧密,如图 3-42 所示。

通过表 3-26 的自行车出行方式下公园绿地可达性分级数据可知,与步行出行方式相比,自行车出行方式下公园绿地可达性一般与较高的居住区数量有所提高,但可达性高的居住区数量占比从 1.1% 降至 0.7%。

自行车出行方式下公园绿地可达性一般的增加了蟠桃花园四期、蟠桃花园八期、君廷湖畔等 7 个居住区,占比达 8.0%。可达性较高的增加了金洋紫金东郡等 3 个居住区,占比达 2.6%。

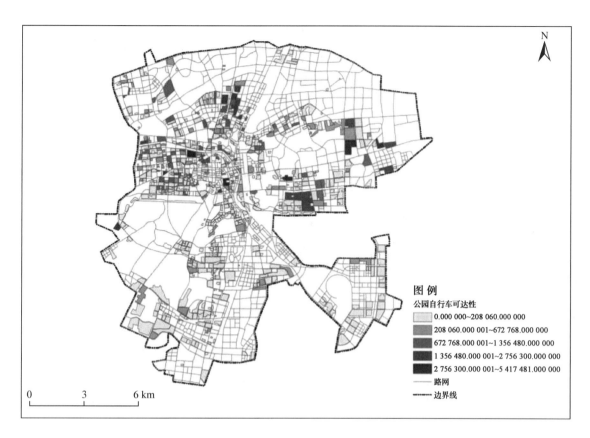

图 例

公园自行车可达性

　　0.000 000~208 060.000 000

　　208 060.000 001~672 768.000 000

　　672 768.000 001~1 356 480.000 000

　　1 356 480.000 001~2 756 300.000 000

　　2 756 300.000 001~5 417 481.000 000

——　路网

-·-·-　边界线

0　　　3　　　6 km

表 3-26　自行车出行方式下公园绿地可达性分级数据

图 3-42　自行车出行方式下徐州市中心城区公园绿地可达性图
图片来源:作者自绘

等级	可达性值	居住区数量/个	占比/%
低	0.000 000~208 060.000 000	471	72.9
较低	208 060.000 001~672 768.000 000	101	15.6
一般	672 768.000 001~1 356 480.000 000	52	8.0
较高	1 356 480.000 001~2 756 300.000 000	17	2.6
高	2 756 300.000 001~5 417 481.000 000	5	0.7

注:作者自绘。

（3）机动车出行方式

机动车出行方式下徐州市中心城区公园绿地的可达性较步行和自行车出行方式来说有所提升。从图 3-43 中可以看出,鼓楼区等老城区内的公园绿地可达性值有所上升,如鼓楼区的九里街道和铜山区的铜山街道机动车出行方式下可到达的公园绿地数量增加,可达性提升。但在云龙区的新城区及铜山区的南部可达性依旧较低,其中,铜山区周边公园绿地数量较少,且现状公园绿地与周边的道路结合不紧密,通行路线有限,有些郊区的居住区未规划合理的公共交通线路,导致该片区居住区的公园绿地可达性较低;云龙区的新城区拥有一个面积较大的大龙湖风景区,但生活性的社区公园及街头游园数量不多,且该片区的大型公园绿地与道路的结合也不够紧密,居民的出行成本较高,阻碍了居民的外出游玩。

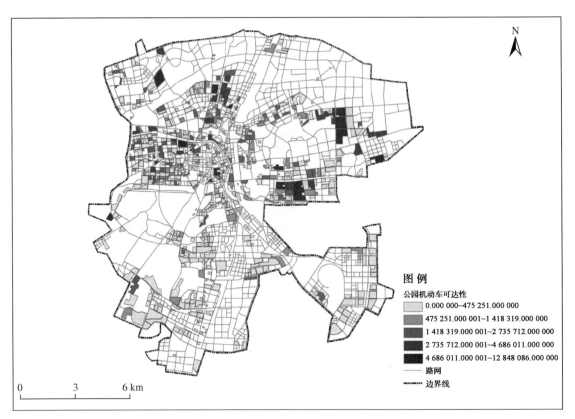

图 3-43 机动车出行方式下徐州市中心城区公园绿地可达性图
图片来源:作者自绘

从表 3-27 中可以看出,机动车出行方式下的公园绿地可达性低的居住区有所减少,占比 67.5%;可达性较低的居住区包括加州玫瑰园、盛世孔雀城等 104 个居住区,占比 16.1%;可达性一般的居住区包括国基城邦、民怡园等 68 个居住区,占比 10.5%;可达性较高的社区包括东方美地、美的城等 24 个居住区,占比 3.7%;14 个可达性高的居住区包括万科、蟠桃花园北区、万悦城等,占比 2.2%。

表 3-27 机动车出行方式下公园绿地可达性分级数据

等级	可达性值	居住区数量/个	占比/%
低	0.000 000~475 251.000 000	436	67.5
较低	475 251.000 001~1 418 319.000 000	104	16.1
一般	1 418 319.000 001~2 735 712.000 000	68	10.5
较高	2 735 712.000 001~4 686 011.000 000	24	3.7
高	4 686 011.000 001~12 848 086.000 000	14	2.2

注:作者自绘。

3）不同出行方式下公园绿地可达性区域特征分析

（1）鼓楼区公园绿地空间可达性

鼓楼区居民在步行出行方式下，公园绿地的可达性等级低和较低的占比较多，惠工小区、华府天地、蟠桃五村等居住区的公园绿地可达性一般，东安置小区、王场小区等居住区的公园绿地可达性较高（图3-44）。

在自行车出行方式下，山南小镇、锦绣山水等居住区公园绿地的可达性与步行相比没有较大变化，而王场小区及周边的居住区公园绿地的可达性有所下降。公园绿地可达性低的居住区数量占比有所下降（图3-45）。

在机动车出行方式下，公园绿地可达性达到高水平的居住区数量明显增加，如鼓楼花园、万豪绿城、蟠桃花园四期及蟠桃花园八期等居住区，这些居住区的公园绿地可达性等级由其他出行方式下的一般变为较高（图3-46）。

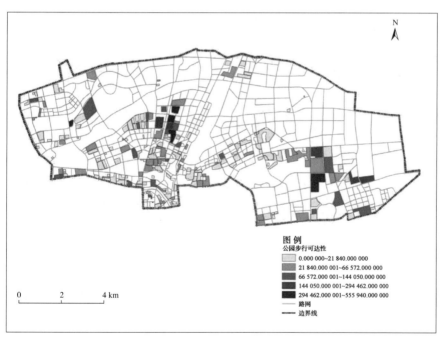

图 3-44　步行出行方式下鼓楼区公园绿地可达性图

图片来源：作者自绘

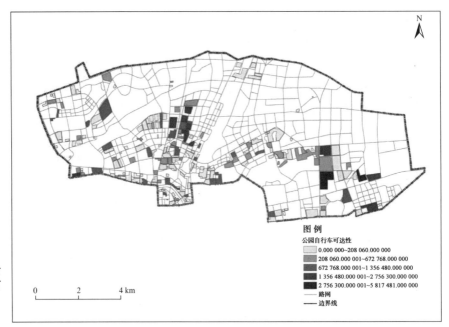

图 3-45　自行车出行方式下鼓楼区公园绿地可达性图
图片来源：作者自绘

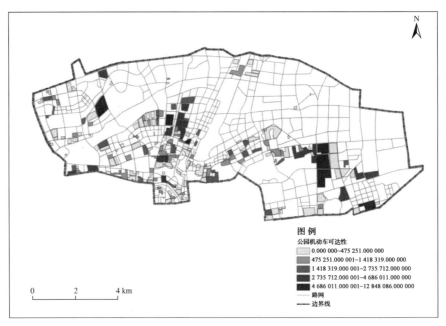

图 3-46　机动车出行方式下鼓楼区公园绿地可达性图
图片来源：作者自绘

鼓楼区居住区中，三种出行方式下，可达性低的居住区占比都为最大，但随着出行速度的提高，可达性等级为一般、较高、高的居住区占比逐渐增大，尤其是可达性等级为较高的居住区占比增长明显。随着出行速度的提高，可达性等级为一般的居住区数量占比由 9.7％增长到 14.3％再到 13.8％，呈逐步升高趋势；可达性等值为较高的居住区数量占比由 2.6％增到 5.1％再到 8.2％，也在不断升高，可见交通的发达确实带动了公园绿地可达性的提升(表 3-28、图 3-47)。

表 3-28　不同出行方式下鼓楼区公园绿地可达性分级数据

出行方式	等级	可达性值	居住区数量/个	占比/%
步行	低	0.000 000～21 840.000 000	122	62.2
	较低	21 840.000 001～66 572.000 000	45	23.0
	一般	66 572.000 001～144 050.000 000	19	9.7
	较高	144 050.000 001～294 462.000 000	5	2.6
	高	294 462.000 001～555 940.000 000	5	2.6
自行车	低	0.000 000～208 060.000 000	114	58.2
	较低	208 060.000 001～672 768.000 000	42	21.4
	一般	672 768.000 001～1 356 480.000 000	28	14.3
	较高	1 356 480.000 001～2 756 300.000 000	10	5.1
	高	2 756 300.000 001～5 817 481.000 000	2	1.0
机动车	低	0.000 000～475 251.000 000	100	51.0
	较低	475 251.000 001～1 418 319.000 000	46	23.5
	一般	1 418 319.000 001～2 735 712.000 000	27	13.8
	较高	2 735 712.000 001～4 686 011.000 000	16	8.2
	高	4 686 011.000 001～12 848 086.000 000	7	3.6

注:作者自绘。

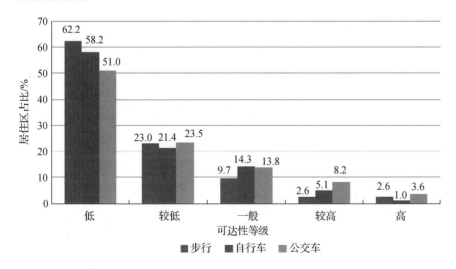

图 3-47　鼓楼区公园绿地可达性统计图
图片来源:作者自绘

　　鼓楼区公园绿地的空间可达性在四个行政区中较好。区域内公园绿地多沿河道等呈带状分布。鼓楼区内有玉潭湖公园、九里湖国家湿地公园、金龙湖宕口公园等综合公园,荆马河社区公园、华厦生态园、祥和公园、蟠桃山公园等社区公园,龟山景区、九里山专类公园、徐州植物园等专类公园,丁万河带状公园、荆马河带状公园、永嘉绿地等游园,公园绿地种类丰富,综合公园数量在四个行政区中占比大。鼓楼区道路交通网络发达,居民出行方便,和其他行政区相比,三种不同出行方式下,鼓楼区公园绿地可达性高的居住区数量最多。

（2）泉山区公园绿地空间可达性

在步行出行方式下,泉山区云龙湖风景区的东部较之北部,公园绿地可达性较弱,主要原因可能是云龙湖风景区北部连接着市民广场及滨湖公园,居民人口密度大,属于老城区,交通更发达,公园绿地的可达性更高(图3-48)。

在自行车出行方式下,泉山区公园绿地的可达性等级为高的居住区数量占比有所上升,在泉山区云龙湖公园的北部可达性等级为较低的居住区数量有所减少(图3-49)。

在机动车出行方式下,康居小区、万悦城、山语世家等居住区由于出行速度的提升,公园绿地的可达性水平也有所提升。可达性等级为较高和高的居住区数量占比明显增加(图3-50)。

图3-48 步行出行方式下泉山区公园绿地可达性图
图片来源:作者自绘

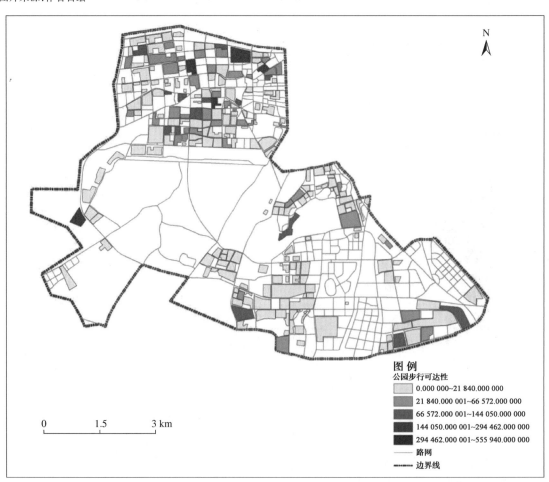

N

图 例
公园步行可达性
0.000 000~21 840.000 000
21 840.000 001~66 572.000 000
66 572.000 001~144 050.000 000
144 050.000 001~294 462.000 000
294 462.000 001~555 940.000 000
—— 路网
------ 边界线

0   1.5   3 km

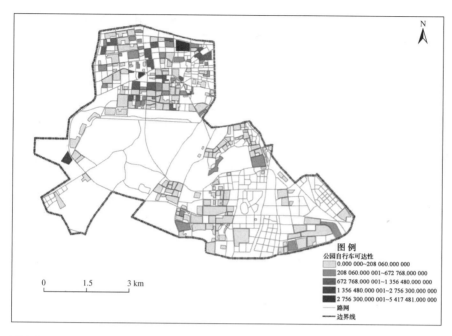

图 3-49 自行车出行方式下泉山区公园绿地可达性图
图片来源:作者自绘

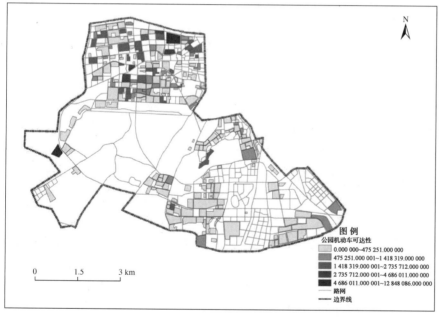

图 3-50 机动车出行方式下泉山区公园绿地可达性图
图片来源:作者自绘

　　可达性低的居住区数量占比随着出行速度的加快在逐渐降低,从76.1%到75.3%再到72.9%。可达性等级为一般和高的居住区随着出行速度的提高,占比明显增大:可达性等级为一般的居住区的占比由5.7%增长到8.5%再到12.1%,增长速度快;可达性高的居住区占比增长更明显,在步行出行方式下占比为0,在自行车出行方式下占比为0.4%,在机动车出行方式下升至0.8%,可达性有明显提高(表3-29、图3-51)。

表 3-29　不同出行方式下泉山区公园绿地可达性分级数据

出行方式	等级	可达性值	居住区数量/个	占比/%
步行	低	0.000 000~21 840.000 000	188	76.1
	较低	21 840.000 001~66 572.000 000	40	16.2
	一般	66 572.000 001~144 050.000 000	14	5.7
	较高	144 050.000 001~294 462.000 000	5	2.0
	高	294 462.000 001~555 940.000 000	0	0
自行车	低	0.000 000~208 060.000 000	186	75.3
	较低	208 060.000 001~672 768.000 000	37	15.0
	一般	672 768.000 001~1 356 480.000 000	21	8.5
	较高	1 356 480.000 001~2 756 300.000 000	2	0.8
	高	2 756 300.000 001~5 817 481.000 000	1	0.4
机动车	低	0.000 000~475 251.000 000	180	72.9
	较低	475 251.000 001~1 418 319.000 000	31	12.6
	一般	1 418 319.000 001~2 735 712.000 000	30	12.1
	较高	2 735 712.000 001~4 686 011.000 000	4	1.6
	高	4 686 011.000 001~12 848 086.000 000	2	0.8

注:作者自绘。

　　泉山区公园绿地需求大的地方多分布在泉山区的北部,这主要是由于泉山区拥有云龙湖风景区及泉山森林公园的部分地区,这两个专类公园面积大,服务范围广,服务的人群多,泉山区的居住区也多沿云龙湖风景区周边分布。泉山区内有古黄河公园、云龙公园、彭祖园、奎山园等综合公园,有民康园、欣欣公园、西苑体育休闲公园等社区公园,有云龙湖风景区、淮海战役烈士纪念塔等专类公园,有滨湖公园碧水湾绿地、奎河带状公园等游园。泉山区游园数量最多,同时云龙湖风景区占地面积大,绿化状况优良,基础设施完善,因而吸引了居民来此游玩,该片区的公园绿地可达性在四个行政区中最好。

　　(3)铜山区公园绿地空间可达性

　　由于道路交通网络的限制,铜山区内步行出行方式下,公园绿地的可达性较另两种方式而言反而相对较高。在步行出行方式下,可达性等级较高的居住区分布在铜山区西部,靠近娇山湖景区(图 3-52)。

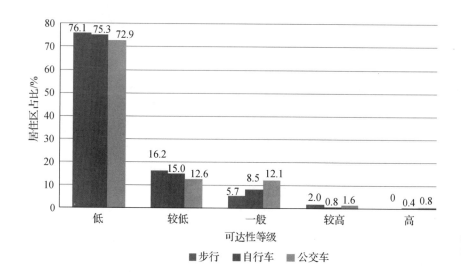

图 3-51 泉山区公园绿
地可达性统计图
图片来源:作者自绘

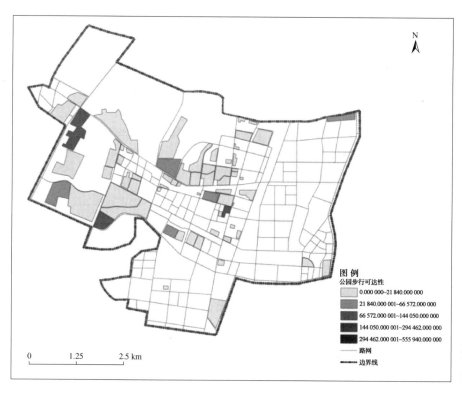

图 3-52 步行出行方
式下铜山区公园绿地
可达性图
图片来源:作者自绘

　　在自行车出行方式下,公园绿地的可达性等级普遍不高,基本处于
低、较低的等级,没有可达性较高、高的区域。可见,铜山区的公园绿地可
达性情况不理想,公园绿地需合理布局(图 3-53)。

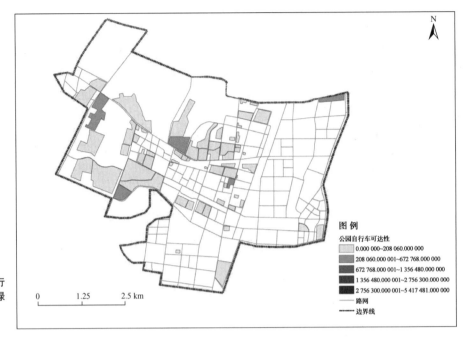

图 3-53 自行车出行方式下铜山区公园绿地可达性图
图片来源:作者自绘

在机动车出行方式下,铜山区的公园绿地可达性有所提升。在凤凰山生态文化景区周边,居民可以享受到较优的公园绿地服务,可达性等级也逐渐提高。铜山区的东部和南部交通条件有所欠缺,公园绿地的可达性有待提升(图 3-54)。

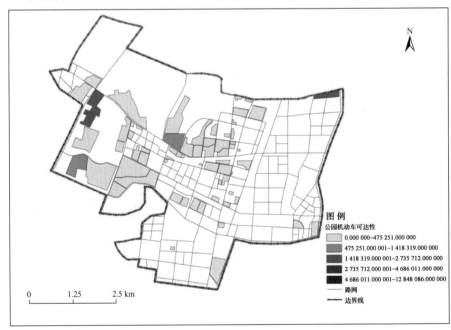

图 3-54 机动车出行方式下铜山区公园绿地可达性图
图片来源:作者自绘

在四个行政区中,铜山区的公园绿地可达性低的居住区占比最高,步行出行方式下占比为 87.7%,自行车出行方式下占比为 92.3%,机动车出行方式下占比为93.8%,但可达性等级较高、高的居住区数量在铜山区为0(表3-30、图3-55)。国基城邦、加州玫瑰园、凤凰花园等居住区临近泉山森林公园和凤凰山生态文化景区,公园绿地的空间可达性在本区域内较高。

表3-30　不同出行方式下铜山区公园绿地可达性分级数据

出行方式	等级	可达性值	居住区数量/个	占比/%
步行	低	0.000 000～21 840.000 000	57	87.7
	较低	21 840.000 001～66 572.000 000	5	7.7
	一般	66 572.000 001～144 050.000 000	3	4.6
	较高	144 050.000 001～294 462.000 000	0	0
	高	294 462.000 001～555 940.000 000	0	0
自行车	低	0.000 000～208 060.000 000	60	92.3
	较低	208 060.000 001～672 768.000 000	5	7.7
	一般	672 768.000 001～1 356 480.000 000	0	0
	较高	1 356 480.000 001～2 756 300.000 000	0	0
	高	2 756 300.000 001～5 817 481.000 000	0	0
机动车	低	0.000 000～475 251.000 000	61	93.8
	较低	475 251.000 001～1 418 319.000 000	2	3.1
	一般	1 418 319.000 001～2 735 712.000 000	2	3.1
	较高	2 735 712.000 001～4 686 011.000 000	0	0
	高	4 686 011.000 001～12 848 086.000 000	0	0

注:作者自绘。

铜山区内公园绿地数量较少,多沿河道分布,空间可达性在四个行政区中较低。铜山区内有娇山湖景区公园、小锅山公园等综合公园,望城花园、圣泉花园小区等社区公园,大部分区域位于铜山区的专类公园泉山森林公园,以及黄山路带状公园、黄河路绿地玉泉河带状公园等游园。铜山区公园数量相比其他三个行政区来说较少,根据2020年徐州统计年鉴可知,铜山区的人口在四个行政区中最少,且铜山区的道路交通网络还有待提高,因而本区域公园绿地的空间可达性普遍较低。由此可见,未来公园规划需重点关注铜山区公园绿地的合理布局。

(4)云龙区公园绿地空间可达性

建国小区在步行、自行车、机动车出行方式下,公园绿地的可达性都较高,该居住区周围布局着快哉亭公园、戏马台公园,并且在居住区的东部有古黄河穿城而过,因而在地理环境和社会环境都优越的情况下,虽然

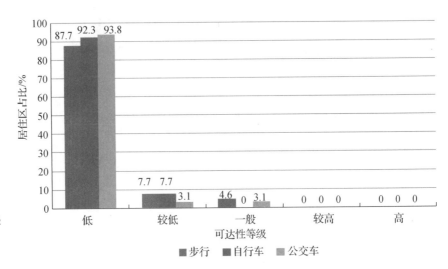

图 3-55 铜山区公园绿地可达性统计图
图片来源:作者自绘

建国小区位于老城区,但公园绿地的可达性较高。云龙区北部的公园绿地可达性较南部地区及新城区高,区域内游园数量多,在金龙湖宕口公园的周边,人口密度大,因而居民愿意去公园绿地中活动。在云龙区的新城区,有大龙湖公园,但由于周边居民较少,出行时间成本高,因此其周边可达性较低(图 3-56)。

图 3-56 步行出行方式下云龙区公园绿地可达性图
图片来源:作者自绘

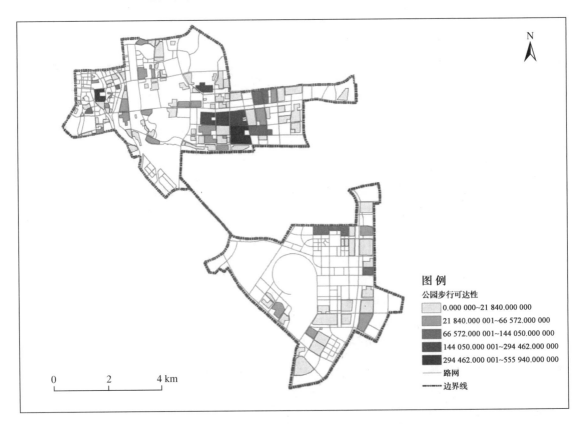

在自行车出行方式下,公园绿地的可达性与步行出行方式相比没有明显提升。公园绿地可达性较高的区域集中在民富园、绿地世纪城、东方美地城等居住区。自行车出行方式下公园绿地可达性等级一般的居住区数量较步行出行方式明显下降(图 3-57)。

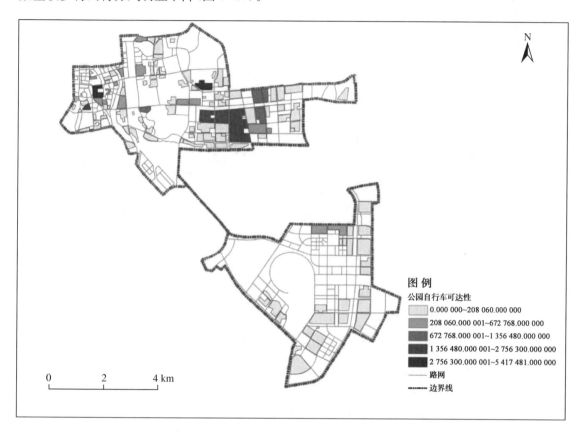

图 例
公园自行车可达性
	0.000 000~208 060.000 000
	208 060.000 001~672 768.000 000
	672 768.000 001~1 356 480.000 000
	1 356 480.000 001~2 756 300.000 000
	2 756 300.000 001~5 417 481.000 000
路网
边界线

0 2 4 km

图 3-57 自行车出行方式下云龙区公园绿地可达性图
图片来源:作者自绘

在机动车出行方式下,随着出行速度的提升,云龙区公园绿地可达性低的居住区数量占比下降,可达性高的居住区数量占比上升。汉文化景区附近的居民可以用较低的出行成本获得较高的公园绿地服务水平,大龙湖公园南部的观澜别院居住区可达性等级有所上升(图 3-58)。

云龙区的公园绿地可达性整体呈现北高南低的局面。云龙区南部有大龙湖公园,北部有快哉亭公园和戏马台公园,南部的社区明显少于北部;北部有黄山垄社区公园、民富园社区公园、山居社区公园等社区公园,数量大约是南部的两倍,南部主要有昆仑游园、人才家园游园、惠民花园游园;云龙区还有汉文化景区(图 3-59、图 3-60)、子房山山体公园、拖龙山公园等专类公园,三八河带状公园、民富大道街头游园、纬三河公园等游园。中央公园、绿地新里·泊林公馆位于云龙区的南部,这两个居住区位于公共交通线路附近,且距离大龙湖公园、新城区市民广场较近,因而在云龙区南部公园绿地可达性中较其他居住区高。虽然云龙区南部的大

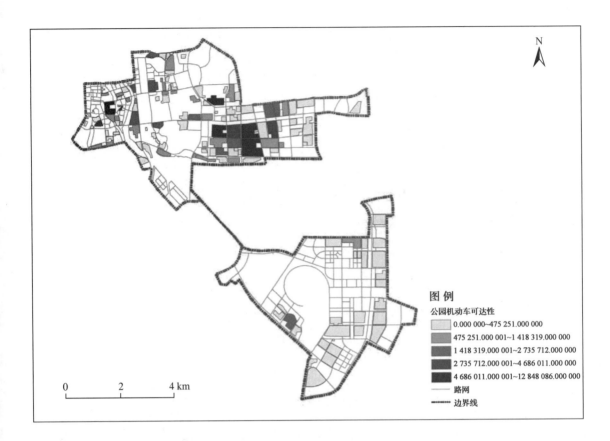

图 3-58 机动车出行方式下云龙区公园绿地可达性图
图片来源：作者自绘

龙湖公园面积大，设施完善，绿化状况优良，但在实地调研中发现，南部缺少生活性公园，活力不足，且云龙区南部的公共交通不够发达，从市区到大龙湖公园距离远，花费时间长，这些都是导致云龙区南部公园绿地空间可达性低的原因（表 3-31、图 3-61）。

图 3-59 汉文化景区 I
图片来源：作者自摄

图 3-60　汉文化景区 Ⅱ
图片来源:作者自摄

表 3-31　不同出行方式下云龙区公园绿地可达性分级数据

出行方式	等级	可达性值	居住区数量/个	占比/%
步行	低	0.000 000~21 840.000 000	98	71.0
	较低	21 840.000 001~66 572.000 000	25	18.1
	一般	66 572.000 001~144 050.000 000	9	6.5
	较高	144 050.000 001~294 462.000 000	4	2.9
	高	294 462.000 001~555 940.000 000	2	1.4
自行车	低	0.000 000~208 060.000 000	112	81.2
	较低	208 060.000 001~672 768.000 000	16	11.6
	一般	672 768.000 001~1 356 480.000 000	3	2.2
	较高	1 356 480.000 001~2 756 300.000 000	5	3.6
	高	2 756 300.000 001~5 817 481.000 000	2	1.4
机动车	低	0.000 000~475 251.000 000	91	65.9
	较低	475 251.000 001~1 418 319.000 000	27	19.6
	一般	1 418 319.000 001~2 735 712.000 000	11	8.0
	较高	2 735 712.000 001~4 686 011.000 000	4	2.9
	高	4 686 011.000 001~12 848 086.000 000	5	3.6

注:作者自绘。

云龙区公园绿地可达性等级为高的居住区数量占比随着出行方式的改变,数值变化明显,在步行及自行车出行方式下,可达性等级为高的居住区数量占比均为1.4%,在机动车出行方式下,可达性等级为高的居住区数量占比为3.6%,是前两种出行方式的2倍多。出行速度的提高、居民出行成本的下降,使居民可到达的范围更广,这在云龙区对于公园绿地的可达性的影响十分明显。

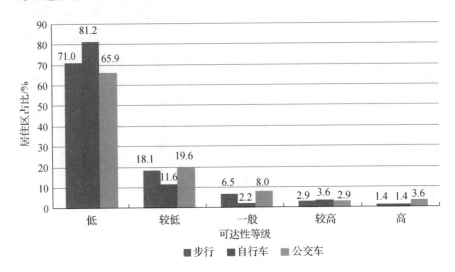

图3-61 云龙区公园绿地可达性统计图
图片来源:作者自绘

3.3.3 小结

通过上述不同出行方式下公园绿地空间可达性的评价与分析,可以得出,随着出行速度的提高,居民出行成本的下降,公园绿地的服务范围变广,公园绿地的空间可达性在逐步提升;但自行车的出行方式与步行的出行方式相比,公园绿地的可达性优势不明显,在机动车的出行方式下,公园绿地的可达性有明显的优化,居住区的居民可到达的公园绿地数量增多。鼓楼区的北部、鼓楼区的东部、云龙区的北部以及老城区中沿古黄河河道区域的公园绿地的可达性较好,主要是因为区域内公园绿地数量多、建设情况好,河岸绿化建设较好,公众出行方便。而在鼓楼区的中心地带、铜山区的南部以及徐州市中心城区的边缘地区,公园绿地的空间可达性较低,有待进一步提升。这主要是由于老城区在早期规划时,未给绿地留下开发空间,造成了中心城区绿地空间的供给洼地;铜山区南部及城市的边缘地区道路交通网络不完善、公园绿地资源缺乏以及公园绿地空间布局不合理,导致片区公园绿地空间可达性不高。

3.4　服务社会公平性分析

利特曼(Litman)在 2007 年提出了评价公共交通规划的社会绩效的两种类型,一种是横向地强调全体市民享受平等的公共交通,另一种是纵向地强调公共交通的空间分布对市民的影响。基于社会公平的内涵,为了反映徐州市中心城区的公园绿地资源在中心城区常住人口中的分配公平情况,本书将采用洛伦兹曲线、基尼系数和区位熵等方法对公园绿地资源进行社会公平性研究。社会中房价与人们的生活满意度息息相关,因而再参考徐州市中心城区的平均房价与公园绿地资源的分布之间的联系,增强社会公平性研究的准确性。

洛伦兹曲线以图示的方式,展现公园绿地资源供给与城市居民人口之间的关系。参照经济学中收入的基尼系数,基尼系数的取值范围一般为 0～1,数值越小,则公园绿地供需比越平衡,公园绿地的供给服务则更公平。当基尼系数低于 0.2 时,表示公园资源分配绝对公平;当基尼系数位于 0.2～0.3,则表示公园资源分配相对平均;当基尼系数位于 0.3～0.4,则表示公园资源分配基本合理;当基尼系数位于 0.4～0.5 时,则表示公园资源分配的差距较大;当基尼系数大于 0.5 时,则表示公园资源分配差距悬殊;当基尼系数超过 0.6 时,则表示公园资源分配处于极度不公平的状态。虽然公园绿地资源的分配与经济收入存在一定的差距,但通过洛伦兹曲线计算所得的基尼系数的数值可以在一定程度上反映徐州市中心城区公园绿地的分配情况。

3.4.1　洛伦兹曲线与基尼系数分析

本书将徐州市中心城区内公园绿地的面积按从大到小的顺序排列,以徐州市中心城区常住人口的 10% 为一个区段,统计各区段内人口享有的公园绿地资源比例,并按照洛伦兹曲线的方式进行累计,以常住人口累计比例做横轴,以公园绿地资源累计比例做纵轴,绘制成洛伦兹曲线(图3-62)。

通过相关的公园绿地面积数据及居住区人口数据,进行数据统计,按照 10% 的人口数所对应的公园绿地资源,通过回归求得的拟合曲线的方程,计算出公园绿地的基尼系数。

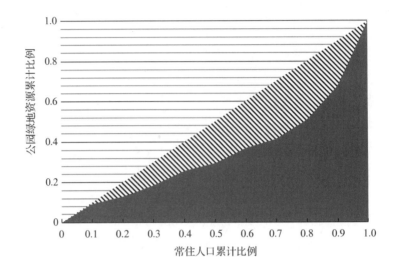

**图 3-62　公园绿地服务
与常住人口间的洛伦兹
曲线图**
图片来源:作者自绘

基尼系数的计算公式为:

$$G = 1 - \sum_{k=1}^{n} (P_k - P_{k-1})(T_k - T_{k-1})$$

该公式中:P_k 表示常住人口的累计比例,k 可以取值 $0,1,2,\cdots,n$,当 P_0 $=0$ 时,$P_n=1$;T_k 表示公园绿地资源的累计比例,k 可以取值 $0,1,2,\cdots,$ n,当 $T_0=0$ 时,$T_n=1$。通过多项式拟合法得到了公园绿地服务的洛伦兹曲线函数(图 3-63),表达式为 $F(x)=0.796\,6x^2+0.023\,5x+$ $0.065\,4$。通过计算公园绿地资源服务洛伦兹曲线函数围合空间(图 3-63 斜线部分),得出公共绿地资源分配的基尼系数为 0.343。

由表 3-32 可知,不同比例的常住人口享受的公园绿地资源的比例存在差异。就公园绿地资源获取较少的群体而言,10% 的人口仅享受到 9.3% 的公园绿地资源,20% 的人口享受到 12.9% 的公园绿地资源。最后一区段 10% 人口的公园绿地服务占有比例高达 32.7%,贫富差距显著。

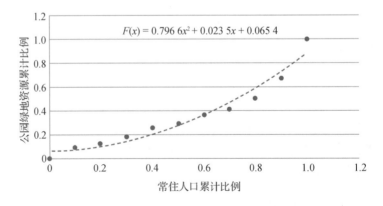

**图 3-63　公园绿地服务
与常住人口间的洛伦兹
拟合曲线图**
图片来源:作者自绘

结合图 3-63 基尼系数值域情况可以看出,徐州市中心城区公园绿地分配相对合理,但已经接近警戒值 0.4,说明徐州市中心城区的公园绿地分布的公平性需要引起重视。

表 3-32　公园绿地服务与常住人口累计比例表

人口累计	绿地资源累计	绝对平均累计
0	0	0
0.1	0.093	0.1
0.2	0.129	0.2
0.3	0.185	0.3
0.4	0.256	0.4
0.5	0.293	0.5
0.6	0.367	0.6
0.7	0.413	0.7
0.8	0.507	0.8
0.9	0.673	0.9
1.0	1	1.0

注:作者自绘。

3.4.2　区位熵分析

通过基尼系数及洛伦兹曲线对徐州市中心城区公园绿地资源的分析,可以得出徐州市中心城区整体的公园绿地资源分配情况。为了进一步了解各行政区之间公园绿地资源供给的差异,笔者采用区位熵的方法对各行政区的公园绿地服务的社会公平正义水平从微观层面进行分析。区位熵是由哈盖特(Hagget)提出,目前已被广泛应用于评价公园绿地的服务水平,是用来研究某一类要素在空间中的分布情况的方法。

区位熵的计算公式为:

$$LQ_i = \frac{T_i}{P_i} \Big/ \frac{T}{P}$$

该公式中,i 表示研究范围内行政区的数量,LQ_i 表示 i 区公园绿地服务区位熵,T_i 表示 i 区的公园绿地服务面积,P_i 表示 i 区内的人口数量,T 表示研究范围内公园绿地的服务总面积,P 表示研究范围内公园绿地的总人口数。区位熵的取值以 1 为标准,若在此研究范围内,LQ_i 大于 1,则表示该区域内人口所获得的公园绿地服务水平高于整个研究范围内人口所获得的公园绿地服务水平；若在此研究范围内，LQ_i 小于 1，则表示该区域内人口所获得的公园绿地服务水平低于整个研究范围内人口所获得的公园绿地服务水平。

通过计算可以得出徐州市中心城区公园绿地的区位熵值，并根据区位熵值的大小，将公园绿地的社会公平性划分为五个等级，分为极低、较低、中等、较高、极高等，以衡量公园绿地服务的社会公平性的格局（表3-33、图3-64）。

表3-33　徐州市中心城区公园绿地服务区位熵

行政区	区位熵	等级及标准
鼓楼区	0.283 297 728	较低（＜0.4）
泉山区	2.172 377 15	极高（＞2.0）
铜山区	0.706 284 233	中等（0.7～1.3）
云龙区北部	0.532 082 398	较低（0.4～0.7）
新城区（云龙区南部）	0.531 865 457	较低（0.4～0.7）

注：作者自绘。

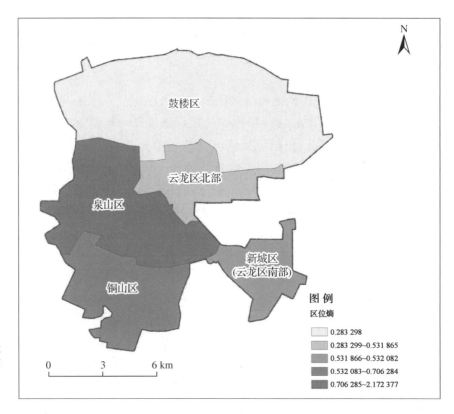

图3-64　徐州市中心城区公园绿地服务区位熵分级图

图片来源：作者自绘

徐州市中心城区的公园绿地服务区位熵差异很大,这表明中心城区内公园绿地资源分布与居住区人口的分布不对等,公园绿地资源分配不合理,不公平现象明显。中心城区内公园绿地服务区位熵主要表现为北低南高的现象,泉山区的公园绿地服务区位熵最高,约为 2.17;其次是铜山区,约为 0.71;鼓楼区的公园绿地服务区位熵最低,约为 0.28。泉山区内的云龙湖风景区和泉山森林公园,面积大,服务范围广,周边居民居住密度高,公众可获得的公园绿地资源丰富。铜山区与泉山区相邻,在泉山区公园绿地资源的辐射下,公园绿地服务的区位熵在四个行政区中也较高。而区位熵极低的鼓楼区,区位熵值低于 0.4,可能的原因是,鼓楼区北部及东部公园绿地资源数量较少,区域内公园绿地资源分布不均匀,因而公众可获得的公园绿地服务量较低,导致区位熵值极低。鼓楼区与泉山区相邻处,分布多处游园及社区公园,但该区域人口密集,需要供给的人口数多,有限的公园绿地资源无法服务到所有人群,因而造成公园绿地服务的区位熵值低。

3.4.3 居住区房价与公园绿地资源分布的联系

通过前文相关文献的梳理可以看出,公园绿地是影响周边居住区价格变化的因素之一。本节的重点在于研究公园绿地的社会公平性,因此通过研究公园绿地的布局与周边居住区房价的变化之间的关系,来得出公园绿地资源的社会公平性评价。

笔者通过徐州贝壳找房、徐州房天下、徐州楼盘网等网址,整理出 646 个居住区的平均房价,并且将这 646 个居住区的交易房价整理为 Excel 表格,链接到 ArcGIS 中(图 3-65),对徐州市中心城区的居住区平均房价进行分级评价。

从图 3-66 中可以看出,徐州市中心城区大部分居住区的房价位于 6 509 元至 16 316 元之间,鼓楼区东部的西贺村安置小区、东贺安置小区、上山小区、蟠桃花园四期等居住区房价最低,居住区房价最高的是位于泉山区云龙湖风景区周边、云龙区大龙湖风景区周边、云龙区金龙湖宕口公园周边以及鼓楼老城区的部分居住区。

通过图 3-32 徐州市中心城区公园绿地图与图 3-65 徐州市中心城区居住区平均房价信息图的对比,可以看出泉山区云龙湖风景区周边连接着市民广场、滨湖公园、泉山森林公园、云龙公园等各种类型的公园绿地,该地区的居住区房价是徐州市中心城区中最高的,且此处的公园绿地可达性也是在四个行政区中相对较高的,例如汉泉山庄、南岸别墅、南岸花园、滨湖花园小区、东方润园等居住区。金龙湖宕口公园附近居住区的平均房价也较高,包括美的城、君廷湖畔、玺悦龙城等居住区均价都在 1.6 万元以上。

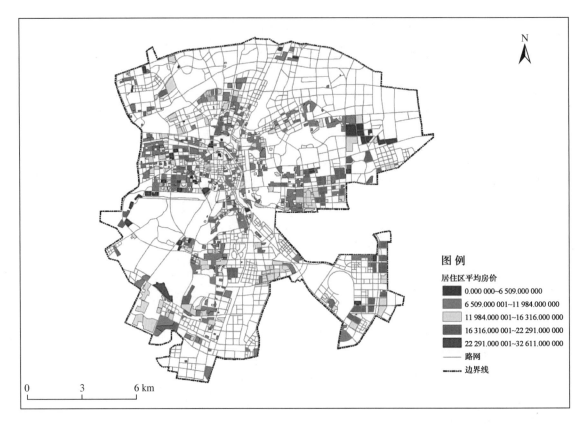

图 3-66 徐州市中心城区居住区平均房价分级图

图片来源:作者自绘

在老城区中,大部分居住区的房价处于 6 509 元至 16 316 元之间,但有几处房价较高的居住区,如滟澜公馆、万科翡翠御、华润绿地凯旋门、美的云熙府、水苑长桥小区、华美生态园东观园、万科城悦庭等,这些居住区都位于不同的公园绿地附近。结合图 3-32 可以看出,滟澜公馆、万科翡翠御居住区位于古黄河公园、华夏生态公园、徐州市植物园附近,居民可快速进入公园绿地;华润绿地凯旋门、美的云熙府等居住区位于徐州黄楼公园的北部;水苑长桥小区紧邻九龙湖公园;华美生态园东观园与马场湖公园的直线距离在 500 m 之内;万科城悦庭居住区紧靠丁万河南路带状公园,附近还有九里山高尔夫俱乐部、楚园、龟山景区。这些房价高的居住区都紧靠河流分布,包括丁万河、徐运新河、古黄河等。在云龙区,房价高的居住区多集中于公园绿地聚集的区域,均价都高于 1.6 万元。

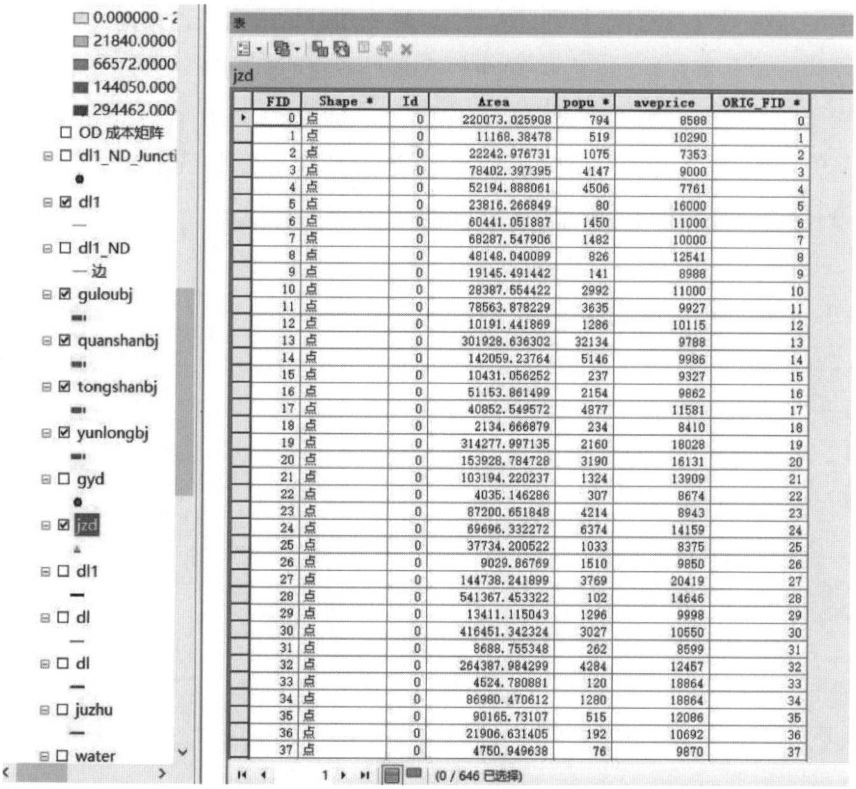

FID	Shape *	Id	Area	popu *	aveprice	ORIG_FID *
0	点	0	220073.025908	794	8588	0
1	点	0	11168.38478	519	10290	1
2	点	0	22242.976731	1075	7353	2
3	点	0	78402.397395	4147	9000	3
4	点	0	52194.888061	4506	7761	4
5	点	0	23816.266849	80	16000	5
6	点	0	60441.051887	1450	11000	6
7	点	0	68287.547906	1482	10000	7
8	点	0	48148.040089	826	12541	8
9	点	0	19145.491442	141	8988	9
10	点	0	28387.554422	2992	11000	10
11	点	0	78563.878229	3635	9927	11
12	点	0	10191.441869	1286	10115	12
13	点	0	301928.636302	32134	9788	13
14	点	0	142059.23764	5146	9986	14
15	点	0	10431.056252	237	9327	15
16	点	0	51153.861499	2154	9862	16
17	点	0	40852.549572	4877	11581	17
18	点	0	2134.666879	234	8410	18
19	点	0	314277.997135	2160	18028	19
20	点	0	153928.784728	3190	16131	20
21	点	0	103194.220237	1324	13909	21
22	点	0	4035.146286	307	8674	22
23	点	0	87200.651848	4214	8943	23
24	点	0	69696.332272	6374	14159	24
25	点	0	37734.200522	1033	8375	25
26	点	0	9029.86769	1510	9850	26
27	点	0	144738.241899	3769	20419	27
28	点	0	541367.453322	102	14646	28
29	点	0	13411.115043	1296	9998	29
30	点	0	416451.342324	3027	10550	30
31	点	0	8688.755348	262	8599	31
32	点	0	264387.984299	4284	12457	32
33	点	0	4524.780881	120	18864	33
34	点	0	86980.470612	1280	18864	34
35	点	0	90165.73107	515	12086	35
36	点	0	21906.631405	192	10692	36
37	点	0	4750.949638	76	9870	37

图 3-65 徐州市中心城区居住区平均房价信息图
图片来源:徐州贝壳网站

综上,通过图 3-32、图 3-66 以及上文的不同交通方式下公园绿地可达性的分析,可以得出,在公园绿地分布聚集,有生活性公园布局的地方,以及在河道带状公园的附近,居住区的房价普遍高于其他地区,这些居住区可享受到的公园绿地资源、公园绿地的空间可达性都较其他区域更高。公园绿地的数量、面积、位置等都会影响到社会资源的布局,对居民的生活环境的选择起到重要作用。因而公园绿地的布局及数量会深刻影响到社会的公平性。

3.4.4 小结

本节通过不同方法对徐州市中心城区的公园绿地进行了社会公平性分析,采用洛伦兹曲线、基尼系数、区位熵分析法以及房价的对比,分析了徐州市中心城区公园绿地资源与社会的关系。徐州市中心城区的居民区与公园绿地资源的配备相对较合理,居民可在城市内享受到公园绿地资源。

但从分析结果也可得出现状公园存在的问题。徐州市中心城区的中高端社区周边的公园绿地服务质量较高、数量较多,但在鼓楼区、泉山区等老城区周边,公园绿地质量较低下,且后期维护没有及时跟进,由此造成的差距会越来越大。公园绿地的数量可能短时间内无法再增加,但鼓楼区和泉山区的沿岸带状公园较丰富,可以结合带状公园,考虑该区域人口的结构,加强带状公园的连接度,通过设置散步道或打造线形绿色廊道,提高鼓楼区和泉山区公园绿地的可达性。

4 徐州市中心城区公园绿地服务公平性优化提升策略

通过对徐州市中心城区公园绿地的服务公平性进行评价,发现公园绿地资源的服务有一定的优势,但是仍然有可提高的地方。为了让中心城区的公园绿地服务质量更高,空间分布更合理,人民生活更便捷,根据前文的评价结果,总结出了公园绿地资源服务公平性方面的问题,包括:针对公园绿地服务质量方面的基础设施建设有待更新,公园绿地的种类有待增加;针对公园绿地空间公平性方面的布局有待均衡,布局与城市道路的结合不够紧密;针对公园绿地社会公平性方面的公园绿地资源分配与人口分布不平衡,并提出了相应的优化措施。

4.1 徐州市中心城区公园绿地服务公平性可提升方向

4.1.1 公园绿地基础设施建设有待更新

公园绿地内部的基础设施的建设情况,对公园绿地的公平性评价至关重要。在实地调研中发现,徐州市中心城区的大部分公园绿地基础设施建设能够满足附近居民的需要,可供居民在公园内进行体育运动、休闲娱乐等活动,使用率较高,但也存在一定的问题。老城区居住人口密集,居民可以进入公园绿地的频率较其他地区而言更大,因而基础设施的损坏情况较严重。鼓楼区的老城区内用地紧张,居民经常在居住区附近的社区公园或游园内晾晒衣物或堆放杂物,导致公园绿地的服务水平较差,未能充分发挥社区公园或游园的生态与社会效益。例如青年园、华厦生态公园等,基础设施数量缺乏,居民的停留时间短,使用率低,公园绿地的服务水平也较低,导致其不如其他基础设施建设良好的公园绿地有活力。在云龙区的新城区,由于城区建设时间较近,现状公园规划较完善,公园绿地内的基础设施数量丰富,质量高,公园的使用率高,服务水平也较高。此外,中心城区的大部分公园绿地缺乏一定数量的安全设备,例如监控设备、临水临湖的防护栏等,公园绿地内的安全性不高;在晚上进入公园绿地的居民数量占比超过一半,但是一些公园绿地内的照明设施配备不够完善。

公园绿地内的植物状况是影响公园绿地景观性的重要因素,也影响着公园绿地在城市中的适宜性。徐州市中心城区大部分公园绿地内植物的种植配置较恰当,但也有公园绿地内植物生长状况不佳等现象,降低了公园对居民的吸引力,例如华夏生态公园、西苑体育休闲公园等。华夏生态公园内的高大乔木遮挡住了大部分的阳光,令公园在白天缺少生机,低层植物也因缺乏阳光的照射而凋零,在此驻足的居民也较其他公园少。因此需要在建设前考虑到区位的地形地貌因素,充分利用周边公园绿地的自然资源,完善公园绿地建设的适用性。

图 4-1 潘安湖湿地公园 I
图 4-2 潘安湖湿地公园 II
图片来源:作者自摄

中心城区大部分公园绿地开放性较强,都是 24 h 免费向公众开放的,居民可以自由进出公园。但在古黄河河道周边,公园绿地呈现分散布局的形态,连接度不高,开放性有所下降。基于中心城区带状公园的建设,以及城区内的多个游园,应充分发挥其优势,打造徐州市中心城区城市绿地走廊,提高公园绿地的开放性。但是,徐州现状公园绿地并未起到良好的系统作用。在未来的规划设计中,应该充分利用沿河的绿地,将其打造成绿色廊道,系统性开发带状公园绿地,使之成为整体,加强中心城区公园绿地的开放性与连续性。

提升公园绿地内部的基础设施建设、营造适用性强的公园绿地、完善植物种类的种植配置对于提升公园绿地服务质量至关重要。加强公园绿地的人性化、无障碍化建设,增加基础设施数量、加强设施齐全化,可以在减轻周边公园绿地的服务压力的同时,为居民提供充分的休憩娱乐的空间。

图 4-3 黄楼公园 I
图 4-4 古黄河公园

图 4-5 黄楼公园 II
图片来源:作者自摄

4.1.2 公园绿地的种类有待增加

徐州市中心城区的公园绿地主要需要增加专类公园的数量。目前,中心城区的专类公园,主要是云龙湖风景区、泉山森林公园、徐州市植物园、九里山专类公园、快哉亭公园等。汉文化景区虽然属于专类公园,但需要门票,不是免费开放的公园绿地资源,阻碍了部分游客的进入。而专类公园中其他类型公园如动物园、游乐园等,在中心城区内数量不多。专类公园中面积较大的云龙湖风景区、泉山森林公园,布局相对集中,服务范围有限,对于处在城市边缘的居住区,如东贺安置小区、上山小区等居住区的居民可达性不强。部分专类公园还承担着多种功能,如:泉山森林公园还同时承担着野生动物园的功能;在西苑体育休闲公园内,还设置了儿童游乐场所。

笔者在实地调研中发现，虽然中心城区的游园数量众多，但生活性公园绿地数量有限，且城市中的居民多数喜欢在公园内进行体育活动，如打羽毛球、打乒乓球等。在泉山区市民广场旁有一处徐州市体育中心，但该体育中心为室内运动场所，因而对于市民有一定的限制。居民多数会聚集在市民广场、滨湖公园，通过拉线、利用植物或公园内的基础设施进行运动，在一定程度上影响了公园绿地的服务性，也破坏了公园绿地内的基础设施。因此，增加中心城区内的专类公园如植物园、动物园及专门的体育公园很有必要。

4.1.3　公园绿地布局有待均衡

徐州市中心城区的公园绿地可达性整体上呈现北高南低、西高东低的局面。这主要是由城市的前期规划和人口布局引起的，和公园绿地资源的布局和数量也有着很大的关系。公园绿地资源的数量、面积及布局将直接影响到周边居民的居住舒适度及其获取公共资源的公平性。优化公园绿地资源的空间布局、增加公园绿地的数量，可以最直接地调整居民获取公共资源的公平性现状，应该受到足够的重视。

中心城区的公园绿地空间布局不够均衡。在中心城区的东部和南部，公园绿地资源布局比较分散，连接度低，公园绿地斑块主要集中在中心城区的西侧和北侧。鼓楼区和泉山区的老城区部分，由于早期城市规划的原因，公园绿地的占地面积小，生活性公园绿地数量少，绿地空间多数被分割成碎片化绿地，呈现"见缝插绿"的布局模式，生态效益不佳；而老城区人口密度大，公园绿地的供需服务压力大，居民可享受的公园绿地服务不足，因而降低了公园绿地的空间公平性。

铜山区和云龙区的公园绿地资源，不管是面积上还是数量上都远低于泉山区和鼓楼区。铜山区和云龙区的公园绿地资源较少，导致部分居住区存在服务盲区。这两个区的居民由于能享受到的公园绿地资源有限，因此需花费较长的时间，去享受别处的公园绿地服务，这给居民造成不便，也使该区的活力逐渐降低，形成恶性循环。如中骏柏景湾、托龙山安置小区、汉府雅园、馨乐园、骆驼山康馨园等居住区，周围基本上无公园绿地的布局，居民无法获得满意的公园绿地服务，导致这些居住区公园绿地可达性比其他居住区低。

城市的"绿"不能光靠理论规划，要从实际出发，突破绿地总量的限制，寻求更合理的公园绿地布局结构，争取提高中心城区的公园绿地可达性。

4.1.4　公园绿地布局与城市道路的结合有待更紧密

徐州市鼓楼区及泉山区的部分老城区道路交通网络较完善，但在城市边缘区域的公园绿地,如九里山专类公园、蟠桃山文化景区等,与道路的联系不够紧密,去往这些公园绿地所要花费的时间、距离成本都较高,因而可达性较低。根据前文的分析可知,距离因素是影响公园绿地可达性的重要指标之一,公园与交通的联系程度、去往公园绿地所花费的时间长短会在很大程度上影响公园绿地的空间公平性。

徐州市现状的公共交通主要是公交车。2020年徐州市开通了两条地铁线路,其中地铁1号线连接着金龙湖宕口公园和人民广场。地铁线路的开通提高了这两个公园绿地的服务可达性。其他线路对于公园绿地的串联性不高,尤其是大龙湖公园,位于云龙区南部,只有少数的公交线路可以到达,通过实地感受,前往大龙湖公园的线路等待时间过长、距离较远,居民的出行成本较高,因而像大龙湖公园这样设施完善的公园绿地也只能服务到周边的居住区,对于老城区的吸引力较小,从而导致云龙区南部的公园绿地可达性不高。

城区中的公园绿地内部步行道及健康道的设置也应该加强。徐州市中心城区公园绿地中的步行道等系统不够发达,健康道设置较少,因而游人在公园内的活动不够丰富。通过公园内部绿色步行网络的建设,能够完善公园绿地与道路的连接性,提高公园绿地的可达性。同时步行道及健康道的设置可以加强中心城区公园绿地之间的联系,提高开放性和连续性,提高中心城区内公园绿地的使用率。

4.1.5 公园绿地资源分配与人口分布有待平衡

通过前文对洛伦兹曲线、基尼系数及区位熵的分析可知,公园绿地社会公平性差的地方往往是人口分布密集的地方。例如鼓楼区的北部和东部,安置小区多,人口数量多,区域内的人口难以与周边的公园绿地资源相匹配,由此鼓楼区的区位熵等级在四个行政区中最低,社会不公平性显著。现状鼓楼区南部及泉山区内公园绿地人满为患,但是在鼓楼区的九里街道、金山桥片区的公园绿地却鲜少有人进入游憩,这正体现出了公园绿地资源分配与人口分布之间的不平衡、不合理。云龙区的新城区区域修建了大龙湖公园,一定程度上缓解了云龙区南部的公园绿地不公平现象;但是在鼓楼区的东部、铜山区的南部和东部等人口稠密的地区仍然缺乏公园绿地的规划与建设。因而,在后续的城市公园绿地规划建设时,要加强不同片区公园绿地资源的配比,促进公园分布的社会公平。

通过居民经济地位与公园绿地资源分布之间的关联分析,可以得出公园绿地资源的分布及分配确实会影响居住区的价格,因此在公园绿地的规划建设过程中,要重视资源分配与居住区的关系,并且注重公园绿地资源与其他公共资源分布的合理性,以带动整个区域的发展,更要注重公园绿地的社会公平性。

4.2 优化策略

本节根据上文提出的徐州市中心城区公园绿地存在的问题,提出对应的提升措施,以期为提高公园绿地的服务公平性提供借鉴。笔者分别从提升公园绿地的服务质量、增加特色公园种类、促进公园绿地的布局公平、增强公园绿地与道路的联系、完善公园绿地资源与人口的分配五个方面提出优化策略。

4.2.1 提升公园绿地的服务质量

提高高供给公园绿地服务质量,让公共景观区唤起居民的生活记忆,打造高水平的城市公园绿地。对于老城区,人口密集,用地紧张,应该着重提升现有公园绿地的服务质量,从基础设施的建设入手,例如在鼓楼区的人民广场、永安街道法治文化公园等,增加休憩、健身等设施的数量,缓解周边大型绿地的压力。老城区的公园绿地多数为生活性的社区公园或街头游园,完善公园绿地内的基础设施,如增加标识牌、树池座椅、亭廊、栈道、休憩座椅等基础设施,可以吸引更多的居民进入公园,并为公园绿地内的居民提供人性化服务,让中心城区的公园绿地的服务为更多人所享用。同时要加强公园绿地内部的安全设施的配置,让居民在任何时候进入公园绿地,都可以确保自身的身心健康安全,保证公园绿地的高水平服务质量。对于社区公园,中老年群体是其主要使用人员,应设置无障碍设施,保证人性化的公园绿地服务。在调研中发现,在社区公园、小区游园中,居民多喜欢进行体育运动,因而可以在中心城区的市民广场、社区游园等绿地中增加相应的体育设施,如羽毛球网、乒乓球台、小型篮球场等,丰富公园绿地的功能,增加公园绿地的活动种类,让不同的人群都可以在公园绿地中进行相关的活动,提高公园绿地的服务质量。可以借鉴鼓楼区西苑体育休闲公园,公园内大多数时间段都是老年群体在活动,但该公园绿地进行了合理的功能分区,设置了儿童游乐区,方便老年群体携带孩童在此休憩娱乐,形成代际共享空间,促进了公园绿地服务质量的提高。

4.2.2 增加特色公园种类

增加徐州市中心城区的公园绿地种类,有助于提升公园绿地的服务质量。专类公园中,目前管理最好、设施最完善的当属云龙湖风景区和泉山森林公园,但由于城市框架大,这两个公园不可能服务到整个中心城区;可以在鼓楼区的九里街道,对龟山景区、楚园等进行适当的扩建,增大服务面积,依托附近的九里山,打造历史文化名园或特色山地公园,让九里街道的居民享受到完善的公园绿地服务。鼓楼区的坝山片区和金山桥片区,现状多为工业用地,可以布局生活性社区公园、儿童游乐园等,也可以借鉴中山岐江公园,利用现有的工业装置,打造亲水、生态、优美的城市生态公园。

城区内缺乏的体育公园的建设,可以借鉴扬州市宋夹城体育休闲公园,充分挖掘周边用地的条件及文化背景,借助徐州多山的地理优势,打造不同的地形,结合相应的健身活动设施,提升城市公园绿地内体育活动的氛围,促进居民对公园绿地服务公平性的认可。可以在云龙区南部,借助奥体公园的建设,打造适合居民运动活动的绿地空间,充分调动云龙区南部居民的活力,提高公园绿地的公平性。

适时改造建设带状公园。老城区中的沿河道带状公园绿地,由于城区内用地紧张,周围居住区人口密集,公园内的基础设施、活动器材等多成为居民晾晒衣服、堆放杂物的场所,影响市容市貌及公园绿地观赏性。可以在带状绿地与居民区之间设置绿篱区分公园绿地的空间界限,以及在公园绿地内进行动静分区,利用树池、绿篱等围合形成一个私密空间,让居民可以在此进行休闲活动。充分利用带状公园的区位优势,打造适宜的游步道或健康步道,充分释放带状公园的活力,充分利用资源,提高公园绿地的适宜性,让居民在公园内享受到沿岸的风光,又不受外界的打扰,从而真正提高公园绿地的服务质量。

4.2.3　促进公园绿地的布局公平

针对目前城区内用地紧张的情况,盲目增加大型综合公园绿地是不现实的,因而要因地制宜,采取多样化的手段优化公园绿地的布局。

在鼓楼区九里山街道、铜山区及云龙区等区域,在未来的增建扩建中,可以适当地规划优化公园绿地的位置,通过增建综合公园或增大公园绿地的服务面积,逐步消除居住区的服务盲区。例如铜山区的南部多为工业厂房用地,可以结合工业改造的用地置换,优先满足社区公园的用地需求,为居民提供休闲服务。对临近居住区的工业企业,如驿城花园、馨乐园、玉泉雅筑、南都新城等居住区周边的工厂企业,可以充分利用废弃闲置的场地,局部向围墙内移动,并配置一定的游憩设施,作为临时绿地为周边的居民营造休憩空间,这样的做法也可以使土地的价值正面"溢出",带动整个区域的发展。此外,还可将防护绿带等改造为带状公园,优化新城区的公园绿地布局。云龙区的南部多政府办公单位,植物绿化修剪整齐,公园绿地内设施齐全;但对于其周边还有待建造的场地,可在规划中增加绿地的布局,从居民的需求出发,根据其日常生活行为特征,合理做好公园绿地资源的增量布局规划。

4.2.4 增强公园绿地与道路的联系

由上文的分析可知,铜山区南部、鼓楼区东部的公园绿地与道路联系不紧密,导致其可达性较差,公园绿地的布局也不均衡。根据不同出行方式下的公园绿地可达性分析结果可知,公共交通对公园绿地的空间公平性至关重要,因此要加强公园绿地与中心城区的道路连接度、完善公园绿地的游线设置,提高居民日常出行的便利度。徐州市中心城区地铁线路的低密度布局也降低了居民对分布在各区域的公园绿地的到访频率。根据徐州市的地铁规划,今后徐州市要进行多条地铁线路的建设,希望未来公园绿地的建设可以结合地铁的设置,进行合理布局,提高居民对分布在各区域的公园绿地的到访频率,让城市内的居民更公平地享受公园绿地服务。

在公共交通覆盖的盲区,如鼓楼区北部九里山街道、东部金山桥街道等,应进行合理的公交选线,并根据公园绿地的布局,适当安排专门的公园游线,在公园绿地的周边合理布置公交站台,使居民快速方便地进入距离较远、基础设施更齐全、活动更丰富的大型公园内活动,让更多居民享受公园绿地服务,降低居民到达公园绿地的时间、距离成本,提高公园绿地的可达性。

为了提高公园绿地的可达性,还可以借助城市绿道的规划设计,健全城市的绿道系统。将公园绿地与街区慢行道连接,方便居民的出行,提高公园绿地的可达性;连接中心城区内的公园绿地系统,提升公园绿地的使用效率。通过绿色慢行网络的设置,还可以改造与连接废弃或闲置的区域,改善区域的生态环境,增加公园绿地的数量。比如在铜山区的南部以及鼓楼区的东部多工业企业、工业园区,在这些区域,可以设置慢行道,充分利用工业区闲置的场地,将其改造为城市公园绿地,提高区域活力,这对于徐州这一重工业城市来说具有重要作用。在慢行道中,可以设置植物种植区,不仅丰富了街道的形态,还可以满足公园绿地的布局要求,适当增加公园绿地的数量,完善空间的布局,为行人提供舒适便利的绿地开放空间,提高公园绿地的均衡性和可达性。

4.2.5 完善公园绿地资源与人口的分配

公园绿地的社会公平性对于城市的发展至关重要。面对徐州市中心城区公园绿地分布不均衡的现象,要关注不同行政区公园绿地的配比问题,保证居民可以在能力范围内获得高质量、高水平的公园绿地服务。在进行整个区域的公园绿地分配时,更多注重鼓楼区北部和东部、铜山区南部和东部的公园绿地资源的分配,这些区域内人口分布稠密,而公园绿地资源数量却不足,无法满足该区域的人口对于公园绿地的需求,因而在未来公园绿地的规划建设中,公园绿地资源的分配要向这些区域倾斜,满足该片区人群的需要,实现社会公平。

鼓楼区和泉山区的老城区中,人口密度高,但是有些街道公园绿地资源缺乏,居民并不能够享受到社会公平,对此,可以将街头的灰色空间进行改造,将其打造成街头绿地或居住区游园,通过见缝插绿式的公园布局,增加公园绿地的资源数量,满足中心城区公园绿地与人口的配比。要时刻关注城市中的各类人群,满足不同人群的需要,为城市内的弱势群体提供便捷的公园服务,保证他们在公园绿地中享受到的服务质量,这样,不仅能够提高不同区域居民对公园绿地资源的享有率,提高居民对于公园绿地的建设表达,增加参与感,还能够在充分利用好城市的自然资源的基础上,提高公园绿地的服务质量,改善城市的生态质量,真正实现社会公平正义。

通过居住区平均房价分布的情况与公园绿地资源分布之间的关联分析,可以看出公园绿地的资源分配会影响到居民区的房产价格,进而影响城市居民经济区位的分布。未来公园绿地的建设要与城市的居住区规划相协调,对于不同的居住区,公园建设要一视同仁,利用公园绿地的优势,带动周边公共设施的完善,改善老旧小区周边的环境,注重公园绿地资源与其他公共资源分布的合理性,减轻中高端小区周边公园绿地的压力,促进城市间资本的流动。对于城市中或城乡接合部价值低洼的地区,应多布置公园绿地资源,让公园绿地资源向弱势群体倾斜,带动整个区域的发展,让每个公民都能享受到公园绿地服务,加强中心城区公园绿地的社会公平性。

5 扬州市中心城区公园绿地服务水平评价研究

5.1 研究区概况

5.1.1 城市概况

扬州市位于江苏省中部,长江北岸、江淮平原南端。南部濒临长江,北与淮安、盐城接壤,东和盐城、泰州毗邻,西与南京、淮安及安徽省天长市交界。总体地形西高东低,地跨江淮两大水系下游,境内河湖众多,水网密布,京杭大运河纵穿腹地,具备优越的水资源条件,极具特色。除此之外,扬州还是重要的历史文化名城,也是著名的旅游城市,拥有众多著名的公园及景点,公园绿地资源丰富。(图5-1、图5-2)

5.1.2 人口发展背景概况

根据扬州市政府公示的 2020 年扬州市第七次全国人口普查主要数据,扬州市的人口从总量特征看,处于增长低速期。就人口结构来说,扬州市的人口金字塔已经不是"上尖下宽"的扩张型,而是"塔底窄、塔中部最宽"的收缩型,即婴幼儿人口在总人口中的比重在下降,老年人口比重在扩大。从城市化进程看,扬州市人口城镇化的水平持续提高,常住人口城镇化率由 2010 年的 56.80% 提高到 2017 年的 66.05%,6 年间提高了9.25 个百分点,增长速度快于省平均水平。从就业分布看,结构不断优化升级。从人口流动来看,主城区呈净流入状态。2017年《扬州市人口状况简析》中还根据扬州市人口的现状数据特征,提出了未来扬州市人口可能面临的态势——未来人口总量呈现多种可能性。一方面,人口净流出趋势趋缓,另一方面,随着外来人口的增加,扬州市常住人口"十二五"以来一直呈现小幅增长态势,并且增长幅度呈现逐年扩大的趋势。从当前扬州城镇化率的平均增长幅度和常住人口平均增长速度看,城乡二元结构特征将更加明显,城市特别是市区将面临人口不断增长的压力,并且人口老龄化程度可能进一步加剧;城市化进程将进一步加快,从城镇化发展的规律来看,在2030年之前扬州市整体处于快速城镇化进程中,并且速度会加快,长期来看,人口进一步向扬州区域外的大城市与扬州市区集聚。这样的发展态势会使公共资源配置面临巨大难题,而公园绿地作为公共资源的一种,其服务的提供及资源配置同样会迎来较大难关,因此有效评价现状公园绿地服务水平,提升公园绿地的服务及配置已是刻不容缓、势在必行。

5.1.3 公园绿地发展背景概况

随着扬州市持续推进绿化建设,其公园体系的建设实施效果较为明显。依托于城市良好的水系自然资源,扬州市完成了沿主要道路和河流的景观建设,建设出景观质量优良的水绿廊道网络,以彰显城市特色为重点,有效地将扬州文化、艺术和自然生态资源进一步整合,全方位、集中性地展示扬州生态多样性和独特文化魅力,发展文化旅游城市,关注居民的生活需求,建设安居乐业的宜居城市。(图5-3、图5-4)

图5-3　扬州瘦西湖水域风光
图5-4　扬州瘦西湖石壁流淙
图片来源:作者自摄

在扬州市绿地建设的不断发展推进下,2011年其被评为国家森林城市。《扬州市城市绿地系统规划(2014—2020)》提出:通过相关建设,于2020年将扬州市的绿地率提升达到41.8%,绿化覆盖率达到44.0%,人均公园绿地面积达到17.62 m²。营造中心城区"秀水绕城,淮左诗画名都;绿网清韵,竹西人文佳处"的特色,将中心城区绿地系统规划形成6个

城市特色景观分区,包括山水景观区、古城风貌区、现代新城区、生态开发区、高新产业区、沿江发展区。

总体来说,扬州市公园绿地的建设及规划依托于优越的自然资源条件、文化底蕴及地理优势,已取得显著的成果,其公园绿地建设基本优于全国范围内的大部分城市,处于领先地位。但是,其仍需继续加强沿水系道路的建设,通过绿廊有机串联公园绿地,完善网络体系的建设;伴随着以人为本的城市导向,公园绿地的研究及建设应更加关注城市居民的需求,加强现状公园绿地的优化布局建设,完善后期维护管理,提高公园绿地的活力及吸引力。

5.1.4 研究范围的界定

《扬州市城市绿地系统规划(2014—2020)》将扬州市的绿地系统划分为市域大环境、规划区、中心城区三个层面进行规划分析,详细的区位信

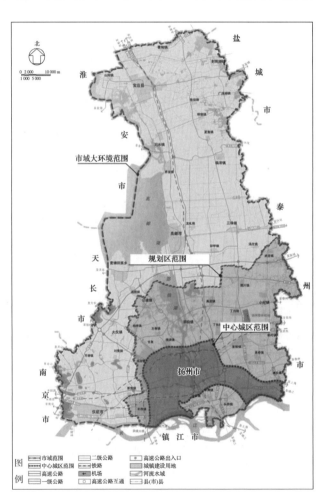

图 5-5 研究区区位
图片来源:作者根据《扬州市公园体系发展与保护专项规划》图集改绘

息见图5-5。在此三个层面中,中心城区的绿地系统体系较为完整,包含公园绿地的所有类型,并且此区域的人口分布不均匀,部分区域聚集程度较高,而部分较为分散,具备一定的典型性。与此同时,中心城区的公园绿地承担着重要的社会服务功能,其服务及配置与城市居民的生活密切相关,在较大程度上影响着居民生活环境质量水平。研究此区域公园绿地的服务水平具有一定的意义。

故本书将扬州市中心城区作为评价公园绿地服务水平的研究区域,根据《扬州市城市绿地系统规划(2014—2020)》的划分,中心城区的范围被界定为东至廖家沟、壁虎河一线,南至长江、夹江一线,西至扬溧高速,北至扬溧高速、槐泗河一线,面积为 640 km²,包含邗江区、广陵区、开发区、江都区四个行政区,具体如图5-6所示,本书以社区作为研究的基础单元,共计 287 个社区。

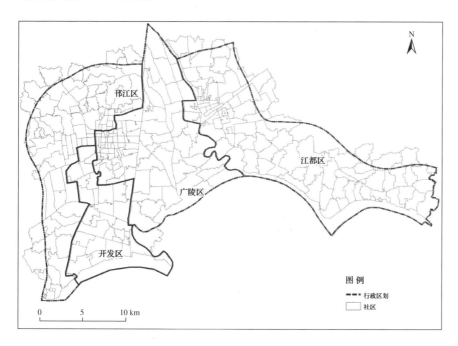

图 5-6 研究区行政区划
图片来源:作者自绘

5.1.5 研究对象的选择

本书以扬州市中心城区范围内的公园绿地为研究对象。根据扬州市园林管理局提供的数据以及实地调研,研究区内现状公园绿地共计203 个,面积为 1 833.01 hm²,其中:综合公园 27 个,面积为 982.29 hm²,占总面积的 53.6%;社区公园 84 个,面积为 406.67 hm²,占总面积的22.2%;游园 43 个,面积为 3.10 hm²,占总面积的 0.2%;专类公园

49个,面积为440.95 hm²,占总面积的24.0%。

5.2 公园绿地服务供给质量维度的服务水平评价

公园绿地服务供给质量维度的服务水平评价,是对公园绿地服务"提供"阶段进行的分析评价,公园绿地的服务供给质量决定其对城市居民的吸引力程度,决定城市居民的使用频率、停留时间及服务评价,在较大程度上反映了公园绿地的服务水平。

根据前文中的文献梳理,相关研究多通过实地调研及资料整理的方式,以不同的指标进行分析评价,故本书根据相关研究成果和规范,选取不同的基础指标分析扬州市中心城区公园绿地的服务供给质量,以此评价其服务水平。

5.2.1 指标选取

对相关规范及论文普遍应用的评价指标进行梳理与总结,其主要包括两个方面:一是基于数据分析的指标,例如公园绿地类型、规模面积、公园绿地覆盖率及人均绿地面积等;二是定性分析的指标,例如活动类型多样性、游憩设施状况、植物配置状况、环境卫生状况、无障碍设施配置状况、管理维护状况、可意象程度、景观多样性等。

本书选取了使用频率较高且易于调研分析的基础指标,包含数据分析、定性分析两方面,主要包括公园绿地类型及规模、公园绿地覆盖率及人均公园绿地面积、活动类型多样性、游憩设施状况、植物景观配置状况、管理维护状况等指标,对扬州市中心城区公园绿地的服务供给质量进行分析评价,具体如表5-1所示。

表 5-1 公园绿地服务供给质量维度评价指标体系

维度（A）	指标类型（B）	评价指标（C）
公园绿地服务供给质量维度	数据分析（B_1）	公园绿地类型及规模（C_1）
		公园绿地覆盖率及人均公园绿地面积（C_2）
		万人拥有综合公园指数（C_3）
		面积大于 40 hm^2 的植物园数量（C_4）
		开放公园绿地数量占比（C_5）
	定性分析（B_2）	活动类型多样性（C_6）
		游憩设施状况（C_7）
		植物景观配置状况（C_8）
		管理维护状况（C_9）
		文化氛围（C_{10}）
		公共服务设施状况（C_{11}）

注：作者自绘。

5.2.2 公园绿地服务供给质量总体分析评价

根据实地调研及基础资料数据信息的整理，现按不同指标方面进行分析总结，具体如下。

1）数据分析

（1）公园绿地类型及规模

现状扬州市中心城区的公园绿地，综合公园占据较大比例，社区公园及游园数量相对不足，专类公园现多为历史名园、体育公园等，儿童公园、野生动物园及植物园数量占比较少，需进行一定的提升。具体数据分析如下。

根据扬州市园林管理局提供的数据，研究区内现状公园绿地共计203 个，面积为 1 833.01 hm^2，其中：综合公园 27 个，面积为 982.29 hm^2；社区公园 84 个，面积为 406.67 hm^2；游园 43 个，面积为 3.10 hm^2；专类公园 49 个，面积为 440.95 hm^2。

从现状公园类型的分布来看，扬州市中心城区的综合公园的发展较为完善，与其他各类公园绿地相比，占总量的较大比例，但是其他类型的公园绿地，例如社区公园及专类公园等面积占比不高，导致公园绿地的类型组成不够丰富。通过对现状扬州市公园绿地类型的梳理总结，发现在社区公园方面，老城区、开发区、江都区北部、广陵新城南片区

117

图 5-7　蜀冈生态体育
公园 Ⅰ
图 5-8　蜀冈生态体育
公园 Ⅱ
图片来源:作者自摄

等部分区域社区公园的配置数量相较于其他区域略显不足:一是由于区域建设用地较为紧张,且广泛分布着较多的历史文化遗迹景点,在一定程度上压缩了社区公园的建设比例;二是在城市边缘区域的相关建设投入不足。(图 5-7、图 5-8)

在专类公园方面,现状专类公园主要是依托于历史遗址等进行建设保护的公园绿地。如广陵区、邗江区由于地理位置及历史资源条件的原因,其专类公园多为历史名园、烈士陵园等。与此同时,伴随着近年来扬州市推行的公园绿地体系建设,体育公园作为建设中的重点及特色之一,取得较为显著的成果,因此体育公园的数量也占据较大比例。但是专类公园包含的类型丰富,其中专门的儿童公园、野生动物园、植物园等专类公园在扬州市中心城区数量略少,仅在广陵区东部少量分布着儿童游乐公园如扬州乐园、马可波罗花世界乐园等,因此需增加其他类型专类公园的供给。(图 5-9～图 5-12)

图 5-9　曲江公园
图 5-10　蜀冈生态体育
公园 Ⅲ
图片来源:作者自摄

（2）公园绿地覆盖率及人均公园绿地面积

总体来说，综合公园的覆盖率较高，人均公园绿地面积分配水平较高的类型为综合公园及专类公园，社区公园及游园的覆盖率相对欠缺，需进行一定的增量规划，具体数据如下。

根据《扬州市公园体系发展与保护专项规划》，按照市级综合公园3 000 m、区级综合公园2 000 m服务半径分析，现状综合公园覆盖率达82.72%，建设成果较为明显，但由于中心城区的框架范围较大，综合公园于城区边缘的镇区服务存在一定盲区，例如槐泗、蒋王、滨江新城、大桥等区域；按照社区公园（包括承担其功能的市级综合公园、区级综合公园、专类公园）800 m、游园400 m（老城区150 m）服务半径分析，现状建成区社区公园覆盖率达68.98%。

不同类型公园绿地人均面积：按照2016年中心城区的人口数量165.2万人，对各类公园绿地的人均面积分配计算，得出综合公园的人均绿地面积为5.59 m²/人，社区公园的人均绿地面积为2.46 m²/人，专类公园的人均绿地面积为2.67 m²/人，游园的人均绿地面积为0.02 m²/人。

各城区人均公园绿地面积：按城市行政区域计算人均公园绿地面积得出，邗江区人均公园绿地面积为13.41 m²/人，广陵区人均公园绿地面积为12.25 m²/人，开发区人均公园绿地面积为11.81 m²/人，江都区人均公园绿地面积为2.37 m²/人。《城市园林绿化评价标准》（GB/T 50563—2010）指出各城区人均公园绿地面积超过5 m²/人即达到较高水平，因此，扬州市中心城区的人均公园绿地面积除江都区略低外，总体基本达到较高水平。

（3）万人拥有综合公园指数

综合公园作为公园绿地的重要类型，提供着不可替代的服务功能，能够在较大程度上满足居民的多样化游憩需求，体现城市公园绿地的建设服务水平。根据计算，扬州市中心城区万人拥有综合公园指数为0.16，《城市园林绿化评价标准》（GB/T 50563—2010）中规定万人拥有综合公

图 5-11　扬州荷花池公园
图 5-12　中国大运河博物馆
图片来源：作者自摄

园指数≥0.07,视为一级水平,由此可见扬州市中心城区公园绿地中综合公园供给的水平较高。

(4)面积大于40 hm² 的植物园数量

面积大于40 hm² 的植物园数量是《城市园林绿化评价标准》(GB/T 50563—2010)中的指标之一,在一定程度上能够反映城市公园绿地的供给水平。在扬州市中心城区中,茱萸湾公园同时承担动物园、植物园的功能,面积为49.61 hm²,但非独立建设的动物园、植物园,服务功能较为综合,因此有必要进行针对性的增建。

(5)开放公园绿地数量占比

经统计,广陵区开放性的公园绿地数量为80个,占广陵区公园绿地总量的83.3%;邗江区开放性的公园绿地数量为59个,占比90.78%;开发区及江都区的公园绿地基本为开放性公园。综上所述,扬州市中心城区公园绿地对城市居民的开放程度较高,符合公园绿地公益性的特点,有助于居民到访公园绿地享受相关服务,对绿地供给水平发挥正向的促进作用。

2)定性分析

(1)活动类型多样性

扬州市中心城区的公园绿地根据主题的不同,组织了相应的活动空间。其中综合公园的活动类型组织较为丰富;社区公园及游园的活动类型多面向居民日常生活,包含健身、娱乐、休憩等空间;部分体育公园的活动组织及设计相对单调,特色不突出,需丰富活动空间的供给。具体分析如下。

综合公园功能活动的组织较为完善,依据公园主题及基地自然资源条件,包含丰富的活动空间。例如广陵区的三湾湿地公园(图5-13、图5-14)依托于原有的湿地资源,组织了滨水湿地观赏区域、运动休闲场地、植物观赏区域等区域;邗江区的蜀冈生态体育公园包含滨水休闲区、桃花源海绵区、梯田花海区、生态涵养林区等区域,组织不同的生态文化游览活动,类型较为丰富,明月湖公园组织了湿地游览、体育运动、休闲游憩等活动类型。

图5-13 三湾湿地公园Ⅰ
图5-14 三湾湿地公园Ⅱ
图片来源:作者自摄

随着扬州市公园体系建设的推进,为保障居民就近的休憩健身需求,扬州的体育公园如雨后春笋般蓬勃发展起来,达到了一定的数量比例。但不可忽视的是,快速的发展致使其中的一部分体育公园存在同质化的现象,部分公园绿地虽以体育公园命名,但也只是在公园绿地内部配置了相关的体育健身设施,公园的设计手法雷同,其功能分区及公园主题特色相对不突出,且无相关的标准进行参照,建设水平参差不齐。例如:江都区的玉带体育休闲公园,没有明确的功能分区,所提供的活动就是在高水河的沿岸部分布置了体育及休憩设施,且现状设施缺乏维护,卫生条件不佳,故应提高体育公园建设的特色性,增强其活动空间的供给。

社区公园及游园的活动组织类型多包括健身运动、儿童游乐、休憩交流、文化展示等。例如:邗江区的玉盛公园设有图书室、乒乓球馆、篮球场、健身路径、老年活动中心等活动空间。来鹤台广场活动组织类型包含:设有健身步道器材、篮球练习场的健身活动,设有儿童游乐设施的娱乐活动,设有景观亭、廊等设施的休憩交流活动等(图5-15、图5-16)。但部分游园受限于面积较小,提供的服务类型相对有限,例如广陵区的宋井,主要提供的活动类型为休憩及文化展示。

图 5-15 来鹤台广场儿童游乐设施
图 5-16 篮球练习场
图片来源:作者自摄

（2）游憩设施状况

扬州市中心城区公园绿地的游憩设施组织较为完备、供给较好。相对来说,综合公园的表现优于其他类型的公园绿地,部分老旧的公园绿地及老城区的社区公园、游园受到多种因素影响,设施的类型及质量有待提升。具体分析如下。

大部分综合公园配备的游憩设施类型相对完善,包含的内容丰富,相关建设及维护状况较好,基本能满足居民的游憩需求,例如明月湖公园的游憩设施包含健身步道、滨水慢道、亭、廊、座椅、儿童游乐设施、篮球场、排球场等,种类丰富,建设维护完善。但也有部分综合公园提供的游憩设施服务状况有待提升,例如曲江公园的休憩设施就相对较少,且硬质的景观占比较多,维护状况不佳。

近年来建设的公园绿地设施种类较为丰富,例如邗江区的奥园邻里公园,包含儿童攀岩、戏水池、彩虹健身步道等运动娱乐设施,种类较为丰富多样。但部分建设时间较久的公园绿地,设施的配置相对有限,且设施缺乏后期的维护管理,导致提供的服务质量供给不佳,例如:三笑公园由于建设时间比较久,公园设施比较简陋、功能单一;琴曼公园内部的设施陈旧,长期缺乏更新及维护管理。

部分社区公园因为使用管理不当而导致设施受损,影响居民的使用体验,难以达到预期的服务目标,例如樱之园社区公园就存在健身步道多处破损的状况,但后期的维护却有限。老城区部分游园的游憩设施供给质量不佳,相关设施的配置较为单一,多为简单的树池座椅等,且缺乏相应的绿化建设和配套基础设施。(图 5-17、图 5-18)

图 5-17　大水湾公园游憩设施现状Ⅰ
图 5-18　大水湾公园游憩设施现状Ⅱ
图片来源:作者自摄

(3)植物景观配置状况

总体来说,扬州市中心城区公园绿地的植物景观营造及后期养护较好,多采用具备扬州城市特色的植物例如荷花(图 5-19、图 5-20)、柳、芍药、琼花、竹类、银杏等,营造浓烈的城市特色文化氛围。选用的植物种类适用性较高(图 5-21),配置形式层次多样,季相丰富,例如大水湾公园以香樟、银杏等为骨架树种,搭配金桂、琼花、梅花、红枫等花灌木,辅以葱兰、石竹、麦冬等地被,层次丰富,景观效果较好。与此同时,多处公园绿地还设置了专门的特色植物主题园区供居民游览,例如曲江公园(图 5-22)内设置的芍药园、三湾湿地公园内独立设置的樱花主题园等。但同样存在部分公园绿地的植物景观配置相对单一的状况,如来鹤台广场、玉带体育休闲公园等。

（4）管理维护状况

大部分的综合公园及专类公园的相关维护依靠专业部门或公司进行管理,受重视程度较高,总体维护水平较高。相对来说,管理维护问题表现得较为突出的公园绿地主要为游园,这类公园绿地更接近居民的生活空间,使用频率较高,受损的程度相对更加严重,但相应的管理维护不够及时有效,导致服务供给质量降低,尤其在老城区表现较为明显。老城区部分社区的游园,设施受损无维修,使用空间常被占作他用,例如被占为停车场、杂物堆放地、晾晒场地等,使得居民的公共休憩活动空间被占用,导致公园绿地实际使用面积缩小,供给服务较为低效的状况。这在一定程度上是由老城区用地较为紧张所导致的,但在更大程度上是由游园管理及后期维护的较大缺失所导致的。

（5）文化氛围

扬州市公园绿地依托于良好的自然资源及历史文化基底,文化氛围的营造效果较为显著,具备浓郁的扬州特色,达到较高的水平(图5-23~图5-26)。其对地方的文化遗产、遗迹的保护较好,文化小品的建设较为

图 5-19 荷花池公园植物 Ⅰ
图 5-20 荷花池公园植物 Ⅱ
图 5-21 瘦西湖植物
图 5-22 曲江公园植物
图片来源:作者自摄

完善,多配置文化墙、文化柱、文化景石、匾额楹联等营造氛围,形式丰富多样,文化宣传展示的水平较高,例如龙川广场配置题字卧石与动态水景相结合突显龙川文化。

文化场所及活动的组织也较为多样化,除文化馆、文化广场、文化景观亭廊等场所活动的设置外,部分公园绿地空间组织与城市书房相结合,丰富居民的游憩体验,有助于社会文化素质的提升,受到居民广泛认可。例如三湾湿地公园、自在公园、城南书屋、荷花池公园、明月湖公园等公园绿地设置的城市书房,使用率较高,有助于公园绿地吸引力的提升。

植物景观的文化特色营造同样表现较好,多根据公园绿地主题种植富有扬州文化特色的乡土植物营造景观氛围,例如荷花池公园大量种植荷花,较多寺庙园林种植银杏、琼花等突出扬州特色。

图 5-23　个园太湖石
图 5-24　中国大运河博物馆植物景观
图片来源:作者自摄

图 5-25　文化小品
图 5-26　扬州盆栽
图片来源:作者自摄

（6）公共服务设施状况

公共服务设施状况主要从四个方面展开:一是卫生设施。扬州市中心城区公园绿地内部的卫生设施配置整体较为完善,类型齐全,数量充足,总体来说卫生情况较好,环境较为干净整洁,达到一定的水平。

部分小游园的卫生状况有待改善，卫生设施的外观设计存在略为简单的现象。

二是标识系统。扬州市中心城区公园绿地内部标识系统总体来说建设完善，类型丰富，涵盖入园须知牌、公园游览平面图、相关景点活动区域标识牌、游览导向标志、警示标志、植物科普牌、公共厕所标识等，与公园的主题风格融合自然，达到较好的建设水平。仅少部分公园绿地标识指示牌有一定的破损，例如荷花池公园内的石质文化展示牌存在破损现象。

三是无障碍设施状况。扬州市中心城区公园绿地内部无障碍设施建设良好，主要包括无障碍坡道、无障碍卫生间、无障碍出入口的建设等。此外，专门的无障碍休息广场、无障碍游览景点可进行适当的增量建设。

四是照明设施状况。扬州市中心城区公园绿地内部照明设施的建设整体较为完善，除基础照明设施外，多通过不同形式、不同类型颜色的灯具设施营造良好的夜晚景观氛围，例如明月湖公园照明设施配置较为丰富，包括路灯、泛光灯、草坪灯、地灯等，对水景、植物等进行照明，营造夜间特色景观。（图图5-27、图5-28）

图5-27　瓜洲古渡公园相关公共服务设施I
图5-28　瓜洲古渡公园相关公共服务设施Ⅱ
图片来源：作者自摄

5.2.3　公园绿地服务供给质量具体分析评价

依据公园绿地的分类，按不同行政辖区，选取扬州市中心城区公园绿地中较为典型的绿地，对其服务供给质量进行具体的分析评价。

1) 综合公园(表 5-2)

表 5-2　各区综合公园绿地服务供给质量具体评价

区域	名称	面积/hm²	评价
邗江区	宋夹城体育休闲公园	54.55	公园面积较大,组织了丰富完善的体育活动设施,包含全民健身项目、市民休闲活动项目、团体活动项目等,植物配置层次多样
	润扬湿地森林公园	67.25	公园面积较大,活动功能组织较为多样,包含房车露营、农业体验、文化展示、森林木屋住宿、拓展训练营等,所提供的服务设施较为完善,植物种类及配置形式较为丰富,内部交通组织较为便利,但由于距居住区有一定距离,故居民的使用率不高
广陵区	三湾湿地公园	56.23	基于运河及湿地资源,组织了湿地休闲游览、运动健身、文化展示、休憩交流等活动,相关设施配置完善,水体景观类型丰富,空间组织层次多样,植物配置质量较高,品种丰富,养护管理较好
	曲江公园	15.86	组织了健身、亲水游览、休憩等活动,硬质景观较多,养护一般,休憩设施少,照明设施的建设较好,植物配置的层次相对单一,居民参与度高
开发区	扬子津古渡体育休闲公园	28.19	组织了互动等活动类型,将文化健身融合于一体,主题特色突出,相关设施配置较为完善,绿化植被品种丰富,养护程度好
	扬子郊野公园	40.24	依托水系资源及现状乡土植被,组织了生态观光、休闲娱乐、体育运动等活动类型,植物数量较多,长势旺盛,设有植物观赏主题园
江都区	人民生态园	5.64	组织了滨水垂钓、休憩游览等活动类型,植物配置较为丰富,养护完善,植物长势旺盛,居民的参与度较好,使用率较高,养护管理较好
	星北湖公园	72.25	位于开元寺景区旁,主要的功能类型是以滨湖为中心的游览休憩,功能组织相对单一,植物配置状况一般,部分地被存在裸露的状况

注:作者自绘。

　　总体来说,综合公园的整体服务供给质量水平较高,提供的活动类型丰富,相关游憩设施配置较为完善、数量充足,植物配置层次丰富、种类多样,能较好满足城市居民的游憩活动需求。

2）社区公园（表5-3）

表5-3　各区社区公园绿地服务供给质量具体评价

区域	名称	面积/hm²	评价
邗江区	玉盛公园	3.14	包含体育健身、读书交流、文化展示、休闲娱乐等活动，设施类型丰富，包含图书室、各类球场、健身路径、棋牌室等，植物种类丰富
	来鹤台广场	3.01	主要包括运动健身、儿童游乐、休憩停留等活动，设施完善，硬质景观占比相对较多，植物配置及品种相对单一，水体养护状况不佳
广陵区	大水湾公园	4.85	包含体育健身、儿童娱乐、休闲体验等活动，设施类型较为丰富，植物配置层次多样，但草坪及相关设施的养护有待提升
开发区	蝶湖公园	7.75	提供体育健身、滨水休憩、文化展示等活动，游憩设施较为完善，植物配置层次丰富，水域养护需提升
	世纪广场	1.19	包含体育健身、休憩交流等活动，休憩设施较为完善，植物配置及后期养护有待提升
江都区	新都社区公园	2.35	主要包含健身、休憩停留等活动，配置了健身步道、广场、亭廊等设施，植物配置层次较丰富，设有主题植物观赏园，居民的参与度较高，养护管理完善
	玉带体育休闲公园	3.91	以健身为主要的活动类型，配置了健身设施、广场及步道，但设施的种类单一，广场及步道的质量不高，区域活力较低，植物景观及游憩设施的维护管理较差

注：作者自绘。

总体来说，社区公园以体育健身、休憩停留为主要活动类型，配置相应的活动设施，整体建设状况达到一定水平；但部分社区公园存在设施配置种类相对单一、后期养护管理有待提升的问题。

3）专类公园（表5-4）

表5-4　各区专类公园绿地服务供给质量具体评价

区域	名称	面积/hm²	评价
邗江区	瓜洲古渡公园	5.7	以文化展示为主要活动，内部各分区连接通达性好，交通流线较为通达，服务设施齐全，植物配置因地制宜，种类丰富，养护管理较好，但市民使用率一般
	蒋王师姑塔体育休闲公园	9.58	体育健身设施的配置较为完善，植物配置相对单一，丰富度不足

（续表）

区域	名称	面积/hm²	评价
广陵区	盆景园	4.76	包括文化展示、休憩停留等功能,在室内外不同空间展示盆景艺术,较好地彰显了扬州的文化特色
	马可波罗花世界乐园	41.91	以"花卉＋文化"为主题的专类公园,组织花卉观赏、儿童游乐、文化展示等活动,植物种类丰富多样
开发区	生态之窗体育休闲公园	12.61	提供体育健身、儿童游乐等活动,配置健身场、慢跑步道、儿童游乐场、生态长廊等设施,植物配置层次多样、种类丰富
江都区	龙川体育休闲公园	15.01	依托新通扬运河,组织各类健身休闲娱乐活动,配置健身步道、各类球场、儿童乐园等设施,景观的养护管理较好,居民的参与度高

注:作者自绘。

4) 游园(表 5-5)

表 5-5　各区游园绿地服务供给质量具体评价

区域	名称	面积/hm²	评价
邗江区	国贸公园	0.2	内部配置网球场,提供健身休闲服务,外围部分场地被占用为停车位,植物配置略杂乱
广陵区	阮元广场	0.08	以文化展示及休憩为主要活动,配置古式亭廊、树池座椅等设施,管理养护状况较好,植物配置层次丰富
开发区	滨江花园游园	0.62	以体育健身及休憩为主要活动,配置了健身设施及相应的绿化景观
江都区	华丰紫郡社区游园	0.39	设有健身步道、笼式篮球场、健身路径器材等设施,植物品种丰富,居民满意度较高

注:作者自绘。

5.2.4　小结

本节从公园绿地服务供给质量维度出发,选取不同的指标,对扬州市中心城区公园绿地的服务进行总体性的分析评价,提出现状公园绿地供给质量建设有待提升的方向,再对不同类型的公园绿地进行具体的分析。

经总结,扬州市中心城区公园绿地服务供给总体建设情况较好。综合公园、体育公园的服务供给表现较好,可提升的方向经总结主要包括三个:一是社区公园及游园建设数量有待增加,在老城区、开发区、江都区北部、广陵新城南片区等表现较为突出,在专类公园类别中,历史名园、体育公园的建设较为完善,动植物园、游乐园的建设有待提升;二是老城区的社区公园及游园相关管理维护有限,有待进一步提升;三是部分体育公园的建设缺乏特色,存在同质化的现象,设计手法部分存在重复雷同,维护管理不够及时有效,服务供给质量水平有待提升。

从公园绿地服务供给质量维度的服务水平评价可得出,综合公园的服务水平较高,但仍有部分公园绿地类型的服务水平有待提升,例如社区公园及游园等。(图 5-29)

图 5-29 瓜洲古渡公园
图片来源:作者自摄

5.3 公园绿地服务公平性维度的服务水平评价

公园绿地服务公平性维度的服务水平评价,是对公园绿地服务"过程"阶段进行的评价,分析城市居民在获取公园绿地服务过程中的难易程度及其享受公园绿地服务分配的社会公平程度,较大程度上可反映公园绿地的服务水平。

借鉴相关研究的评价逻辑方法,本书首先对扬州市中心城区公园绿地的可达性水平进行总体分析,衡量城市居民到访公园绿地的便利程度,分析公园绿地服务的空间分配状况,评价总体服务水平。在此基础之上,聚焦于社会特殊群体,基于对其获取公园绿地服务可达性的分析,从总体及社区层面,引入洛伦兹曲线和基尼系数法、区位熵法计算分析其获得公园绿地服务的社会公平正义程度,以此评价公园绿地的服务水平,具体如图 5-30 所示。

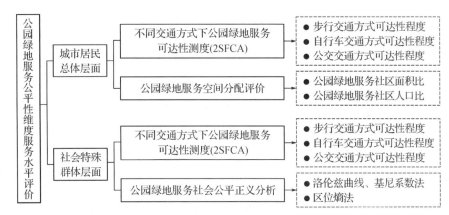

图 5-30 公园绿地服务公平性维度评价体系
图片来源:作者自绘

5.3.1 公园绿地服务可达性测度

1)基础数据整理

(1)公园绿地数据

公园绿地数据来源于扬州市园林管理局提供的 2015 年扬州市中心城区现状绿地图,提取其中的公园绿地(G1),根据实地调研结合高清遥感影像图对其进行校验修正,利用 GIS 编辑绘制,生成可以进行数据分析的矢量面状数据。如图 5-31 所示,扬州市中心城区的公园绿地主要聚集于邗江区东部、广陵区西部及江都区中部,沿江区域分布有一定数量的公园绿地,城市边缘区域的公园绿地分布相对稀疏,例如江都区东部公园绿地分布略显不足。

图 5-31 扬州市中心城区公园绿地图
图片来源:作者自绘

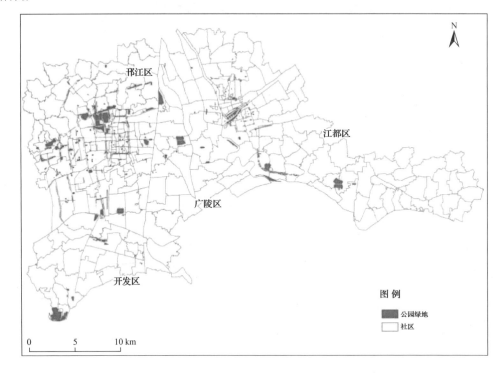

（2）道路网络数据

道路网络数据来源于扬州市园林管理局提供的 2015 年土地利用现状图,借助 GIS 平台提取道路中心线并拓扑校正,并基于道路交通网络,从百度地图公共平台获取扬州市内的公交线路及站点数据,经实地调研修正添加至数据库。如图 5-32 所示,扬州市中心城区道路网络较为通达完善,公交基本覆盖城市中心区域,在邗江区中部及广陵区中部分布密集,在城市边缘区域如江都区北部、南部,广陵区南部公交覆盖度低,江都区南部的大桥镇基本无公交线路分布。

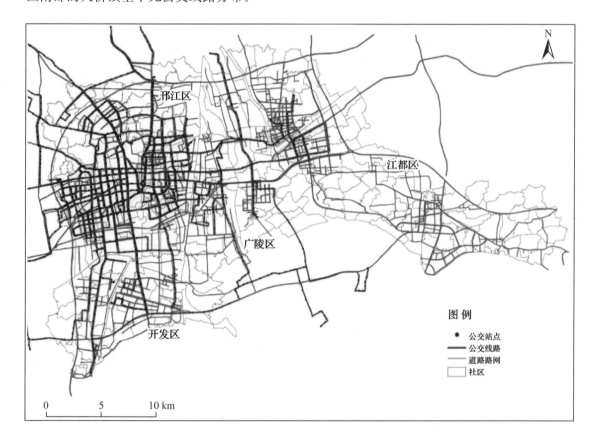

图 例
· 公交站点
—— 公交线路
—— 道路路网
□ 社区

0　　　5　　　10 km

（3）人口数据

相关研究多从街道或社区尺度进行分析,如前文所述,街道尺度的研究难免会掩盖部分问题且研究精度不高,而尺度越小可使研究成果越接近实际状况,准确度越高,故本书以社区尺度作为研究的基本单元。本研究根据江苏政务服务网站公示的城市人口数据,对详细至社区的扬州市中心城区人口数据进行整理,利用 GIS 平台,通过属性表链接,添加至数据库。如图 5-33 所示,扬州市中心城区的人口空间分布在城市中部形成两个极核并向四周发散,具有显著的中间密四周疏的

图 5-32 扬州市中心城区道路分布图
图片来源:作者自绘

分布特点,在邗江区、广陵区、江都区中部人口分布较为聚集,区域边缘人口分布相对稀疏,人口密集的社区主要有石桥社区、解放桥社区、武塘社区、沙北社区等。

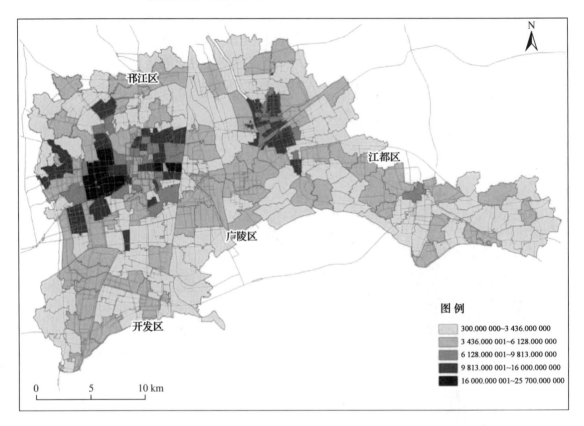

图 5-33　扬州市中心城区人口分布图
图片来源:作者自绘

(4)社区区划数据

根据扬州市自然资源和规划局提供的扬州市第二次全国土地调查GIS数据,结合扬州市中心城区范围界限、高德地图的现状社区位置以及国家统计局公示的社区区划代码及名称,于GIS平台进行校核、修正,整理形成扬州市中心城区社区区划数据库。

2)研究方法

根据前文的梳理总结,发现相较于其他可达性分析方法,两步移动搜索法考虑到供需两端间的相互作用关系,可反映服务设施与服务对象对可达性的影响,较为符合实际,公园绿地提供的服务能力与社会弱势群体游憩需求间存在显著的供需关系,故采用此方法进行分析较为科学合理。但两步移动搜索法同样存在缺陷,其在交通成本方面的指标过于简单,易造成研究结果不够科学准确。故在传统两步移动搜索法的基础上考虑多种交通方式进行改进,以提高研究的准确性。

本书基于 GIS 平台提取社区质心为人口重心,提取面状公园绿地的几何中心点为供给点,采用两步移动搜索法从供应、需求两方进行公园绿地可达性分析,供应方考虑因素为公园数量、绿地面积,需求方考虑因素为社区数量、人口分布,结合不同交通方式,主要分为步行、自行车和公交三种,根据相关研究总结,将速度分别设定为 5 km/h、15 km/h 及 30 km/h,对道路网络数据进行加密,计算出每个社区到达公园绿地的最短通达时间。根据公园绿地分布情况将 30 min 作为出行极限,利用 Arc-GIS 中的网络分析模块(Network Analyst)进行相关计算。利用自然间断点分析法对公园绿地可达性结果进行分级。具体计算公式如下:

$$T_i^F = \sum_{j \in (d_{ij} \leqslant d_0)} R_j = \sum_{j \in (d_{ij} \leqslant d_0)} \frac{S_j}{\sum_{j \in (d_{ij} \leqslant d_0)} P_k}$$

公式中,T_i^F 为社区单元 i 的可达性,d_{ij} 为社区单元 i 和公园绿地 j 间的出行时间,d_0 为出行极限时间,R_j 为公园绿地 j 的服务能力值,S_j 为公园绿地 j 的面积,P_k 为研究区内的人口数量。

3)不同交通方式下公园绿地服务的可达性

(1)步行交通方式下公园绿地服务可达性测度

步行交通方式下公园绿地服务可达性较高的区域主要聚集于邗江区中部、广陵区中部;沿江范围内的社区公园绿地可达性较好;邗江区南部及东部区域可达性高的原因主要是此社区范围建设有润扬湿地森林公园、扬子郊野公园、扬子津生态中心、扬子津古渡体育休闲公园等;邗江区中部可达性高的区域分布有蜀冈生态体育公园等,此类公园面积较大,相关建设及交通较为完善,服务所覆盖的面积相对较广,故可达性较高;而在老城区及江都区中心区域的公园绿地可达性不高、城市边缘区域的公园绿地可达性表现不佳,如图 5-34 所示。

中心城区范围内,可达性较高的社区包括三丰村、军桥村、园林社区 3 个社区,占总量的 1.1%;可达性一般的社区包括新港村、江洲村、滨湖社区等 8 个社区,占比 2.8%;可达性较低的社区包括壁虎坝社区、茱萸湾社区、万福村等 46 个社区,占总量的 16.0%;可达性低的社区包括等高桥村、联谊路社区、双仙社区等 229 个社区,占比 79.8%。表 5-6 的具体分级数据显示,步行交通方式下可达性低的社区占比较多,相对来说,此出行方式的公园绿地可达性有待提升。

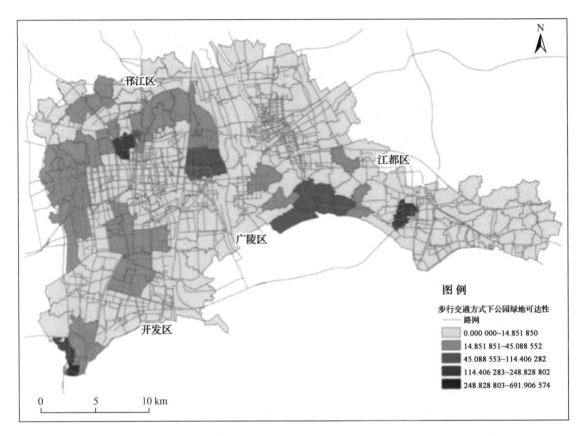

图例

步行交通方式下公园绿地可达性
—— 路网
☐ 0.000 000~14.851 850
▨ 14.851 851~45.088 552
▨ 45.088 553~114.406 282
▨ 114.406 283~248.828 802
■ 248.828 803~691.906 574

0   5   10 km

图 5-34 步行交通方式下公园绿地可达性图
图片来源:作者自绘

表 5-6 步行交通方式下公园绿地可达性分级数据统计

等级	可达性值	社区单元数量/个	占比/%
低	0.000 000~14.851 850	229	79.8
较低	14.851 851~45.088 552	46	16.0
一般	45.088 553~114.406 282	8	2.8
较高	114.406 283~248.828 802	3	1.1
高	248.828 803~691.906 574	1	0.3

注:作者自绘。

(2) 自行车交通方式下公园绿地服务可达性测度

总体来说,自行车交通方式下公园绿地的服务水平较高,在城市沿江区域的邗江区南部、江都区南部表现较为突出;广陵区中部、邗江区中部、江都区中部公园绿地服务可达性相对较好;在城市边缘区域如江都区北部、江都区东部、广陵区南部公园绿地服务可达性欠佳,存在一定的服务盲区。此现象产生的原因主要是公园绿地资源供应不足,其次是交通的通达程度有待完善提高,如图 5-35 所示。

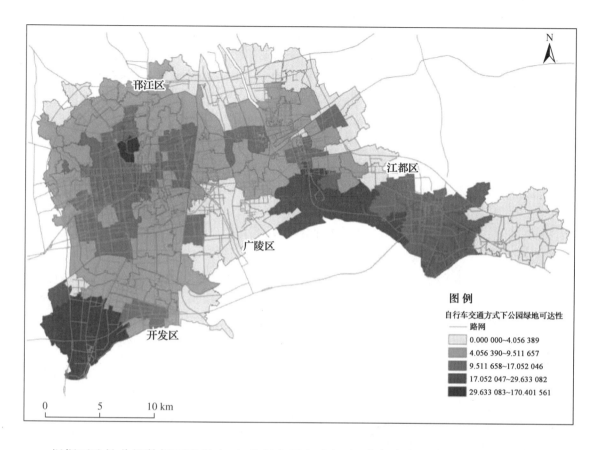

根据可达性分级数据可以得出,与步行交通方式相比,自行车交通方式下,公园绿地的可达性显著提升,公园绿地服务基本覆盖整个城区,其中可达性高的社区包括园林社区、瓜东村、薛巷村、瓜洲村等 10 个社区,占比 3.5%;可达性较高的社区有戚桥村、张纲村、镇西村等 14 个社区,占比 4.9%;可达性一般的社区包括旌忠寺社区、李坝社区、文昌社区等 90 个社区,占比 31.3%;可达性较低的社区有何桥村、荷叶社区、双仙社区等 120 个社区,占比 41.8%;可达性低的社区包括鲍庄村、高巷村、王庄村等 53 个社区,占比 18.5%,如表 5-7 所示。

图 5-35 自行车交通方式下公园绿地可达性图
图片来源:作者自绘

表 5-7 自行车交通方式下公园绿地可达性分级数据统计

等级	可达性值	社区单元数量/个	占比/%
低	0.000 000~4.056 389	53	18.5
较低	4.056 390~9.511 657	120	41.8
一般	9.511 658~17.052 046	90	31.3
较高	17.052 047~29.633 082	14	4.9
高	29.633 083~170.401 561	10	3.5

注:作者自绘。

（3）公交交通方式下公园绿地服务可达性测度

公交交通方式下公园绿地服务可达性在全区范围内基本达到较高水平，基本覆盖整个中心城区，可达性较好的区域聚集于邗江区南部及中部、广陵区中部及江都区中部；但公园绿地服务在城市边缘区域表现相对不佳，原因是此区域分布着一定数量的老龄群体，公共交通不通达、公园绿地分布不平均致使公园绿地供给与老龄群体需求间产生矛盾，形成公园绿地供不及需的现象，如图 5-36 所示。

总体来说，与自行车交通方式相比，公交交通方式下公园绿地服务的可达性优势不明显，这是由部分区域公共交通不够通达导致的。根据公共交通方式下的可达性分级数据，其中公园绿地服务可达性高的社区为园林社区，占比 0.3%；可达性较高的社区包括吕桥社区、蒋庄村、高桥村等 33 个社区，占比 11.5%；可达性一般的社区包括沙南社区、桥东村、沙北社区、文昌社区等 129 个社区，占比 45.0%，可达性较低的社区有涵西村、姚湾村、酒甸村等 75 个社区，占比 26.1%；可达性低的社区包括万庄村、其秀村、三荡村等 49 个社区，占比 17.1%，如表 5-8 所示。

图 5-36　公交交通方式下公园绿地可达性图
图片来源：作者自绘

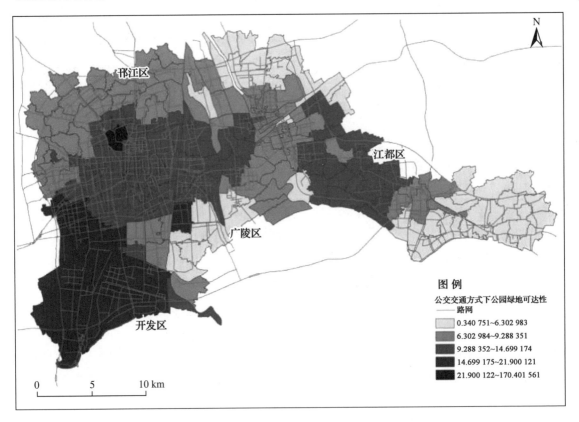

表 5-8　公交交通方式下公园绿地可达性分级数据统计

等级	可达性值	社区单元数量/个	占比/%
低	0.340 751~6.302 983	49	17.1
较低	6.302 984~9.288 351	75	26.1
一般	9.288 352~14.699 174	129	45.0
较高	14.699 175~21.900 121	33	11.5
高	21.900 122~170.401 561	1	0.3

注:作者自绘。

（4）小结

根据上述对不同交通方式下公园绿地服务可达性的分析,可得出伴随着出行速度的提升,公园绿地服务的可达性逐渐变高,但公交交通方式与自行车交通方式相比优势不明显,这是由部分区域公共交通不够通达导致的。

根据分析数据,邗江区中部、广陵区中部、江都区中部以及城市沿江区域公园绿地服务的可达性较好,这与公园绿地的建设规模、分布是密不可分的;而城市边缘区域如江都区北部及东部、广陵区南部公园绿地服务的可达性有待提升。总体来说,可达性层面上,扬州市中心城区公园绿地的服务水平达到了一定高度,基本满足城市居民的出行游园需求。

4）公园绿地服务的空间分配评价

基于两步移动搜索法的公园绿地服务评价体现了社区获取公园绿地服务的差异,而总体层面的分析需通过其他方式进行。计算公园绿地的服务社区面积（人口）比,可从研究区层面总体衡量分析公园绿地的空间配比程度,覆盖率越大,表明公园绿地布局越均衡,受益的居民越多,可据此评价公园绿地的服务水平。公园绿地的服务社区面积（人口）比的计算公式如下:

$$LD_i = \frac{\sum P_A}{A}$$

公式中,LD_i 表示公园绿地服务社区面积（人口）比,$\sum P_A$ 为公园绿地服务范围内社区总面积（人口）,A 为研究区社区总面积（人口）。基于可达性测度分析的相关结果数值,通过计算得出扬州市中心城区公园绿地服务社区人口比为 73.95%,总体来说,公园绿地的分布覆盖达到一定水平,但仍有约 26% 的社区处于公园绿地的服务盲区之内,现状公园绿地分布需进一步完善。扬州市中心城区公园绿地服务社区面积比为

61.34%,小于服务社区人口比的数值,这表明公园绿地布局与人口分布存在一定的关系,是结合人口分布进行的规划建设。

5.3.2 公园绿地服务的社会公平正义分析

上一小节的可达性分析评价是建立在各社会群体需求一致的前提下的分析评价,所衡量的是公园绿地的总体服务水平。但是,社会属性的差异会导致城市居民对绿地服务的需求及实际获取状况的不同,总体层面的分析在一定程度上会忽视社会特殊群体的需求,并且公平正义的理念强调资源应向社会弱势群体适当倾斜,故本书结合相关研究经验,挖掘扬州市中心城区的城市人口特征,选取社会特殊群体中的典型群体进行分析,计算衡量公园绿地服务的社会公平程度,以此评价公园绿地的服务水平。

1) 社会特殊群体选取

(1) 社会特殊群体的选取

相关研究常将社会特殊群体分为老龄群体、外来务工群体、青少年群体等,如:唐子来等[69]提出社会特殊群体中的老龄群体和外来务工群体对公园绿地的使用比例及频率比例较高,故针对此两类人群享受公园绿地服务的公平性进行分析。综上,本书基于相关研究的社会特殊群体分类,分析扬州市中心城区城市人口特征,再根据城市特征,选取研究区内的典型社会特殊群体进行相应分析。

首先,扬州市为老龄化极严重的城市,截至 2018 年末,全市老年人口户籍人口数达 458.83 万人,预计在 2030 年左右将迎来人口老龄化的高峰期。扬州城市老龄化问题日益严峻,故老龄群体的需求较为关键,是扬州市社会公平正义的重点问题,不容忽视。

其次,根据扬州市政府 2018 年公示的《扬州市人口基本情况简析》,近年来,扬州市的人口流动发展呈现出流出人口和流入人口同步增长的态势。在中心城区,例如广陵区、邗江区,人口呈净流入的状态,而在边缘的区域人口主要是向外流出的,总体来说其人口呈现流出人口总数大于流入人口总数的净流出态势。在此基础之上,研究外来务工群体的公园绿地服务需求与其城市特征不相匹配。

综上所述,基于扬州市老龄化较为严重的城市特征,关注提升现状公园绿地服务于老龄群体的社会公平性刻不容缓,故现聚焦于扬州市社会特殊群体中的老龄群体,分析公园绿地服务的社会公平正义绩效,以此评价公园绿地服务水平。

(2) 扬州市中心城区老龄群体人口分布特征

扬州市中心城区老龄群体的总量较大,分布较广,总体来说,老龄群体的空间分布主要聚集于邗江区中部、广陵区西部及江都区中部,为城市的中心区域。广陵区老龄人口的分布较多,江都区东南部老龄人口分布相对均匀且具备一定数量比例,城市边缘区域的老龄人口分布相对稀疏。整理人口数据得出,老龄人口分布较为聚集的社区包括古旗亭社区、三里桥社区、皮市街社区、解放桥社区等,如图5-37所示。

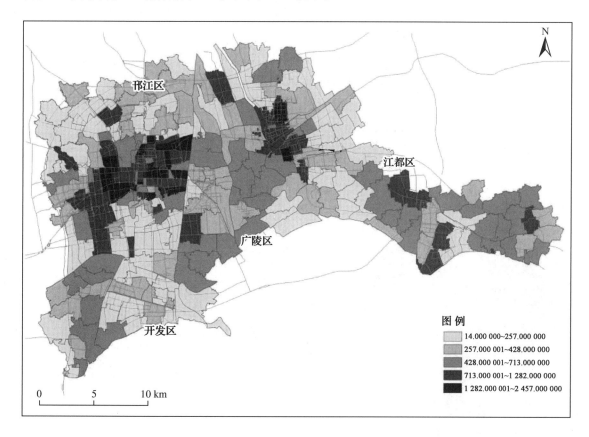

图例

14.000 000~257.000 000
257.000 001~428.000 000
428.000 001~713.000 000
713.000 001~1 282.000 000
1 282.000 001~2 457.000 000

0   5   10 km

图 5-37 扬州市中心城区老龄群体人口分布图
图片来源:作者自绘

2) 基于社会特殊群体的公园绿地服务可达性评价

在对社会弱势群体进行选取及分析的基础上,本书采用GIS两步移动搜索法,分别从步行、自行车、公交三种交通方式评价老龄群体的公园绿地服务可达性,将可达性数值以自然间断点分析法进行分级,颜色越深表示可达性程度越高。综合三种交通方式下老龄群体公园绿地可达性结果,分析得出老龄群体公园绿地可达性的共性分布特征:呈现由中部向四周递减,南部沿江区域集聚,西部优于东部的趋势;水系绿地资源及人口分布对此趋势的形成具有一定的影响力。具体分析如下。

(1) 步行交通方式下老龄群体公园绿地可达性测度

步行交通方式下老龄群体公园绿地可达性高的区域在空间上集聚于

沿江区域、邗江区中部和广陵区中部。瓜洲村可达性最佳，这是因为其社区范围内建设有润扬湿地风景区，服务的覆盖面积较广，交通便利；可达性较高的社区为军桥村、园林社区等 4 个社区，占比 1.4％；可达性一般的社区为山河林场、新港村、七里甸村等，占社区总数的 13.9％，此类社区中分布有扬州湖滨公园、体育公园等；可达性较低的为金槐村、吕桥社区、新河湾社区等，占比 16.0％；可达性低的社区为丁魏村、七里村等，占比 68.3％。

　　总体来说，老城区及城市边缘区域公园绿地服务于老龄群体的可达性不佳，导致此现象的原因可被总结为两个方面：一是城区中部绿地面积小且分散，部分设施配置及养护不佳；二是城市边缘较少有公园绿地分布，故可达性不佳，如图 5-38、表 5-9 所示。

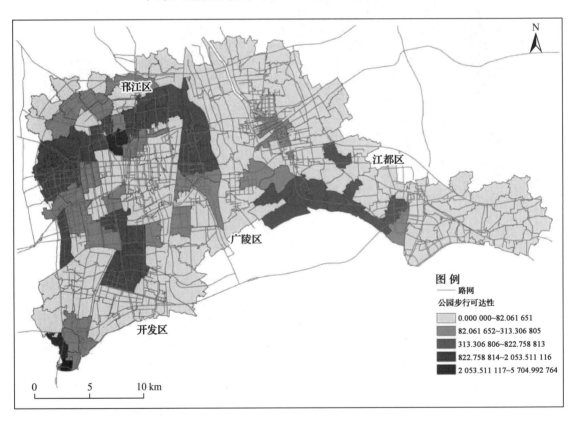

图5-38　步行交通方式下老龄群体公园绿地可达性图
图片来源：作者自绘

表5-9　步行交通方式下老龄群体公园绿地可达性分级数据统计

等级	可达性值	社区单元数量/个	占比/%
低	0.000 000~82.061 651	196	68.3
较低	82.061 652~313.306 805	46	16.0
一般	313.306 806~822.758 813	40	13.9
较高	822.758 814~2 053.511 116	4	1.4
高	2 053.511 117~5 704.992 764	1	0.4

注:作者自绘。

（2）自行车交通方式下老龄群体公园绿地可达性测度

自行车交通方式下老龄群体公园绿地可达性在空间上呈现出沿江地区、中部区域可达性较高,且向四周发散的趋势。

可达性高的社区为园林社区、瓜东村、薛巷村等9个社区,主要集中于邗江区,占社区总数的3.1%;可达性较高的社区为康乐社区、石桥社区等29个社区,占比10.1%;可达性一般的社区为皮市街社区、沙南社区等111个社区,占比38.7%;可达性较低的社区为文峰村、皇宫社区等87个社区,占比30.3%;可达性低的社区共有51个,占比17.8%,主要分布于广陵区和江都区的城市边缘地带,这些区域绿地数量较少,故可达性相对不高,如图5-39、表5-10所示。

图5-39　自行车交通方式下老龄群体公园绿地可达性图
图片来源:作者自绘

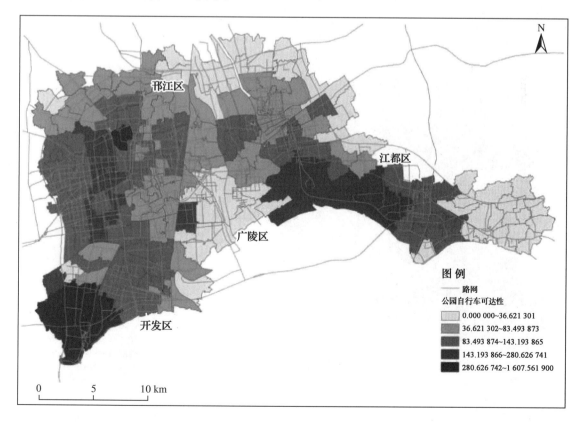

表 5-10　自行车交通方式下老龄群体公园绿地可达性分级数据统计

等级	可达性值	社区单元数量/个	占比/%
低	0.000 000～36.621 301	51	17.8
较低	36.621 302～83.493 873	87	30.3
一般	83.493 874～143.193 865	111	38.7
较高	143.193 866～280.626 741	29	10.1
高	280.626 742～1 607.561 900	9	3.1

注:作者自绘。

（3）公交交通方式下老龄群体公园绿地可达性测度

公交交通方式下老龄群体公园绿地可达性总体良好,基本覆盖城市整体区域,江都区北部及东部这类城市边缘区域可达性有待提升。

园林社区可达性高;可达性较高的社区为蒋庄村、吕桥社区等34个社区,占比11.9%;可达性一般的社区为扬子村、沙南社区等133个社区,占比46.3%;可达性较低的社区共71个,占比24.7%,集中于邗江区和广陵区北部;可达性低的社区为中闸村、樊套村等48个社区,占比16.7%,此区域公交线路的通行较差,如图5-40、表5-11所示。

图 5-40　公交交通方式下老龄群体公园绿地可达性图
图片来源:作者自绘

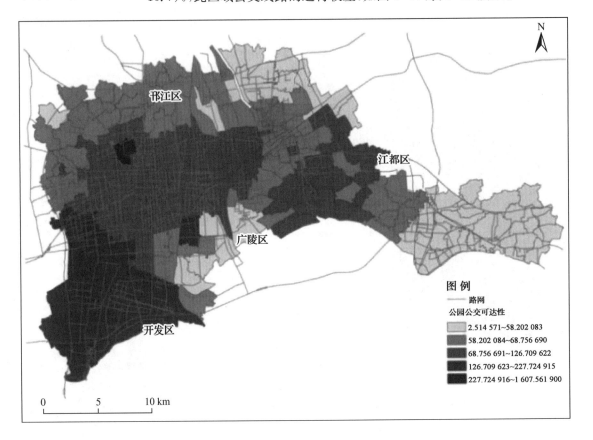

N

| 邗江区 |
| 江都区 |
| 广陵区 |
| 开发区 |

图　例
—— 路网
公园公交可达性
2.514 571～58.202 083
58.202 084～68.756 690
68.756 691～126.709 622
126.709 623～227.724 915
227.724 916～1 607.561 900

0　　5　　10 km

表 5-11　公交交通方式下老龄群体公园绿地可达性分级数据统计

等级	可达性值	社区单元数量/个	占比/%
低	2.514 571～58.202 083	48	16.7
较低	58.202 084～68.756 690	71	24.7
一般	68.756 691～126.709 622	133	46.3
较高	126.709 623～227.724 915	34	11.9
高	227.724 916～1 607.561 900	1	0.4

注:作者自绘。

3) 公园绿地服务社会公平正义分析

(1) 基于洛伦兹曲线和基尼系数的公园绿地服务社会公平正义分析

本书基于洛伦兹曲线和基尼系数的分析方法,评价公园绿地服务总体层面的社会公平正义程度。按照洛伦兹曲线和基尼系数的基本内涵,洛伦兹曲线以图示的方式,表征公园绿地服务供给与城市居民需求之间的匹配程度;基尼系数取值于 0 到 1 之间,数值越小则供需配比越平衡,公园绿地的服务则越趋于公平状态。

首先是基于洛伦兹曲线的社会公平正义程度分析。将研究区内所有公园绿地服务面积由低到高排序,以 10% 的人口为一个区段,将公园绿地比例与人口比例进行累加,进而以公园绿地累计比例为纵轴,人口累计比例为横轴,绘制成洛伦兹曲线。

根据上述方法,将公园绿地面积累计比例与老龄群体人口累计比例进行整理排序,绘制洛伦兹曲线,如图 5-41 及表 5-12 所示。从中得知,扬州市中心城区公园绿地资源对于老龄群体人口的分配存在一定的不平等现象,就公园绿地资源获取较少的老龄群体而言,10% 的老龄群体人口仅占有 0.02% 的公园绿地资源,20% 的老龄群体人口仅占有 0.12% 的公园绿地资源。

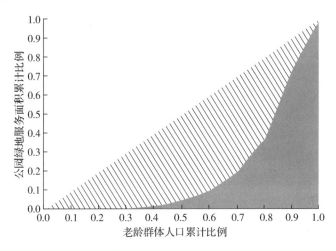

图 5-41　公园绿地服务面积与老龄群体人口间的洛伦兹曲线图

图片来源:作者自绘

表 5-12　公园绿地服务面积与老龄群体人口累计比例表

老龄群体人口累计比例	公园绿地服务面积累计比例
0%	0.00%
10%	0.02%
20%	0.12%
30%	0.81%
40%	2.08%
50%	4.91%
60%	10.26%
70%	19.91%
80%	37.64%
90%	73.87%
100%	100.00%

注:作者自绘。

其次是基于基尼系数的社会公平正义程度分析。根据联合国基尼系数划分标准,基尼系数数值在 0.2 以下表示公园绿地服务绝对平均,数值在 0.2~0.3 表示公园绿地服务比较平均,数值在 0.3~0.4 表示公园绿地服务相对合理,数值在 0.4~0.5 表示公园绿地服务差距较大,当基尼系数达到 0.5 以上时,则表示公园绿地服务差距悬殊。具体计算公式如下:

$$G = 1 - \sum_{k=1}^{n} (P_k - P_{k-1})(T_k - T_{k-1})$$

公式中:P_k 为老龄群体人口的累计比例,$k = 0, 1, 2, \cdots, n$,当 $P_0 = 0$ 时,$P_n = 1$;T_k 为公园绿地服务面积的累计比例,$k = 0, 1, 2, \cdots, n$,当 $T_0 = 0$,$T_n = 1$。

基于洛伦兹曲线的绘制,通过对相应数据的计算,得出服务于老龄群体的公园绿地基尼系数为 0.47,表明公园绿地资源分配与老龄人口需求间存在不公平的现象,需进一步完善绿地资源规划调配。

(2) 基于区位熵的公园绿地服务社会公平正义分析

基于洛伦兹曲线及基尼系数的方法分析的是总体层面上公园绿地服务的公平程度,而区位熵法可在微观层面分析社区公园绿地服务的社会公平正义水平,具体的计算公式如下:

$$LQ_i = (T_i / P_i) / (T / P)$$

公式中,LQ_i 为 i 社区公园绿地服务区位熵,T_i 为 i 社区中公园绿地服务面积,P_i 为 i 社区中老龄群体的人口数量,T 为研究区内公园绿地服务面积总量,P 为研究区内老龄群体的人口数量。区位熵的数值大于 1,表示在此社区空间单元内,社会特殊群体所获取的公园绿地服务高于研究区社会特殊群体获取的公园绿地服务的整体水平;区位熵的数值小于 1,则表示此社区单元获取的公园绿地服务低于整体水平。

通过相应的计算,得出扬州市中心城区各社区公园绿地的区位熵值,依据区位熵值的大小,将社区公园绿地服务社会公平正义程度划分为五个等级,衡量基于区位熵值分档的公园绿地服务社会公平性的空间分布格局。

不同区位熵等级的社区分布及数量统计如表 5-13、图 5-42 所示。总体来说,老龄群体的公园绿地服务区位熵较高的社区主要聚集于邗江区、开发区北部、广陵区中部、江都区中部,呈现西部优于东部的趋势;老城区及城市边缘区域的区域熵相对较低,例如江都区东部及北部、广陵区南部等。区位熵值较低,表明此区域内的社区,老龄群体所获得的公园绿地服务低于城市的整体水平,这是由几方面导致的。一是老城区的城市用地格局较为固定,且在扬州市老城区分布有大量的历史文化遗址,受到用地的限制,公园绿地大多只能见缝插针地建设,而老城区中老龄群体的分布较为密集,给公园绿地带来较大的使用压力,导致供不及需,故公园绿地服务于老龄群体的水平低于城市总体水平;二是在城市边缘区域,常分布有一定数量的老龄群体,但现有的公园绿地无法惠及此类区域,故导致老龄群体获取的公园绿地服务低于城市总体水平。综上所述,应对区位熵较低的社区公园绿地服务进行相应的优化提升,做好合理的增量规划。

根据区位熵的分级数值,针对老龄群体的公园绿地服务区位熵极高的社区主要包括茱萸湾社区、昌桥社区、平山村等 13 个社区,占比 4.5%,主要位于邗江区;区域熵高的地区包括军桥村、殷湖村、薛楼村等 13 个社区,主要位于开发区北部、邗江区以及江都区沿江区域;区位熵较高的社区包括卜桥社区、友谊社区、引江社区等 48 个社区,占比 16.8%,主要位于邗江区、广陵区中部、江都区中部;区位熵一般的社区有裴庄社区、卜扬社区、镇北村等 21 个社区,占比 7.3%,主要分布于邗江区中部、广陵区中部及江都区中部;区位熵较低的社区包括万寿村、桥东村、联运村等 34 个社区,占比 11.8%,主要分布于广陵区中部及江都区中部;区位熵低的社区包括丁魏村、田庄村、芒稻村等 158 个社区。总体来说,老龄群体获得公园绿地服务的水平有待进一步提升。

表 5-13 基于老龄群体的公园绿地服务区位熵分级数值统计

等级	可达性值	社区单元数量/个	占比/%
低	0.0～0.2	158	55.1
较低	0.2～0.5	34	11.8
一般	0.5～1.0	21	7.3
较高	1.0～5.0	48	16.8
高	5.0～10.0	13	4.5
极高	10.0～44.2	13	4.5

注:作者自绘。

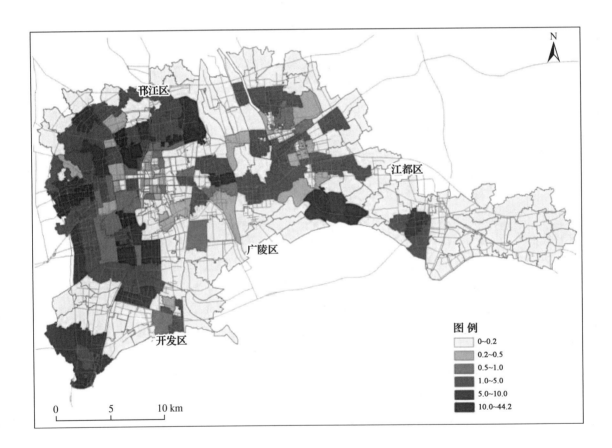

图 5-42 基于老龄群体
的公园绿地服务区位熵
分级分布图
图片来源:作者自绘

5.4 城市居民满意度维度的服务水平评价

城市居民满意度维度的服务水平评价,是对公园绿地服务"结果"阶段进行的分析评价。公园绿地服务的完成,是基于居民游憩活动的结束而完成的,城市居民作为公园绿地的服务主体,其使用特征,使用后的感知、满意度及评价较大程度上反映了公园绿地服务水平的高低。

根据相关研究采用的分析方法,本书选用问卷调查的方式,基于城市居民的视角,了解其使用需求及满意度,据此直观深入地评价公园绿地的服务水平。

5.4.1 问卷调查设计

1)样本选取

问卷调研区域覆盖扬州市中心城区的四个行政辖区,对公园绿地内部及周围的社区的活动人群进行随机调研。在选取调研对象时,受访者是否在扬州长期居住会对公园绿地服务水平的调研结果产生一定的影响,为保障调研结果的真实性及典型性,受访者需具备在扬州居住一定时长的条件,以 10 个月以上为佳。

问卷调查于 2018 年 12 月至 2019 年 11 月开展,包括不同季节。为保证研究的科学性,能准确反映城市居民的日常行为特征,特意避开了节假日时间。问卷发放时间集中于早(7:00—9:00)、中(11:00—13:00)、晚(16:00—18:00)三个时段进行。本次调研总共发放问卷 2 330 份,剔除受访者为游客的问卷,经整理总计回收有效问卷 2 315 份。

2)问卷设计

本书的问卷设计遵循科学性、层次性、系统性的原则,重点挖掘城市居民对公园绿地服务的需求特征及直观感受评价,结合相关研究调研时使用的基础指标,对调查问卷的内容题项进行设计,主要包括三个部分。

第一部分是对城市居民的基本属性的调研。城市居民的基本社会属性会对其使用公园绿地及评价感知产生潜在影响,故了解公园绿地使用人群的基本社会属性特征具有一定的必要性。主要包括对受访者的年龄及性别进行调查,验证其在人口结构中的代表性,以及对其职业、居住区域的调查。

第二部分是对城市居民的游憩行为特征及需求偏好的调研。主要包括结伴出行者的类型、访问公园绿地的频率、出行方式、游园的时间阶段、游园目的及停留时间、绿地使用偏好及感知、居住地周围公园绿地可选择数量状况等。

第三部分是城市居民对现状公园绿地的满意度评价及建议。主要包括居民满意度、公园绿地评价、公园绿地游憩期望等方面。了解城市居民对公园绿地的评价及期望,可针对性地对公园绿地进行相应的优化提升。具体如表 5-14 所示。

表 5-14 城市居民满意度维度评价体系

维度(A)	指标类型(B)	评价指标(C)
城市居民满意度	基础属性(B_1)	性别比例(C_1)
		年龄构成(C_2)
		职业构成(C_3)
		居住区域(C_4)
	游憩行为特征(B_2)	结伴出行者的类型(C_5)
		公园绿地使用频率(C_6)
		出行方式(C_7)
		游园时段(C_8)
		游园目的及停留时间(C_9)
		到访公园绿地的影响因素(C_{10})
		居住区周围公园绿地数量(C_{11})
	城市居民满意度及评价(B_3)	城市居民满意度(C_{12})
		现状问题(C_{13})
		城市居民的期望(C_{14})

注:作者自绘。

3) 样本基本属性

(1) 性别比例

根据调研回收整理所获得的数据,从性别来看,调查对象中男性的数量比例略大于女性,占 56.07%,女性占比 43.93%。总体来说,调查对象的年龄构成相对平均,说明样本的收集具有一定的可信度。

(2) 年龄构成

从年龄构成分布来说,调查对象年龄在 50 岁以上的人群分布较多。年龄在 16 岁以下的人群占比 3.60%,16～25 岁的人群占比 15.25%,26～35 岁的人群占比 20.48%,36～50 岁的人群占比 9.72%,51～65 岁的人群占比 36.72%,65 岁以上的人群占比 14.21%。问卷调研基本覆盖所有年龄层次,说明公园绿地对各年龄段的居民皆具备一定的吸引力,与此同时也说明问卷能够较全面地反映不同年龄段居民对公园绿地服务的主观感受及评价。

根据问卷调查数据可以得出,使用公园绿地较少的为 36～50 岁年龄阶段的中年群体,这是由其社会属性所导致的,中年人承担着较大的生活压力,外出休闲的时间相对较少。老龄群体是扬州市中心城区公园绿地的主要使用人群,故公园绿地的建设及服务应多考虑老龄群体的活动习惯及行为方式,明确其对公园绿地的需求,加强对老龄群体的关怀。

（3）职业构成

在受访者的职业构成当中,退休人员所占比例较大,共计 42.51%,上班族占比 29.33%,自由职业者占比 10.28%,学生占比 14.04%,其他职业人群占比 3.84%。总体来说,公园绿地服务的群体是较为多样化的。退休人员的比例较大是由受访者年龄构成中老龄群体的数量占比较多所造成的,老龄群体有充足的时间到访公园绿地进行健身交往等活动,对公园绿地服务的需求较大。

（4）居住区域

本次调查人员居住区域主要集中于邗江区,占比 37.88%;其次是广陵区,占比 36.41%;开发区占比 18.40%;居住于江都区的较少,占比 7.30%,与城市人口的空间数量分布状况基本一致,如表 5-15 所示。

表 5-15　样本特征整理

调查指标	样本信息	人数/人	比例/%
性别	男	1 298	56.07
	女	1 017	43.93
年龄	16 岁以下	84	3.62
	16～25 岁	353	15.25
	26～35 岁	474	20.48
	36～50 岁	225	9.72
	51～65 岁	850	36.72
	65 岁以上	329	14.21
职业	上班族	679	29.33
	自由职业者	238	10.28
	退休人员	984	42.51
	学生	325	14.04
	其他	89	3.84
居住区域	邗江区	877	37.88
	广陵区	843	36.41
	开发区	426	18.40
	江都区	169	7.30

注:作者自绘。

5.4.2 调研结果分析

1) 城市居民游憩行为特性分析

（1）结伴出行者的类型

调查对象的游园同行者，与朋友一同游园的最多，占比 34.94%；其次是与子女同行的，为 25.15%；与配偶、爱人一同游园的人群比例为 24.78%；单独游园的占比 9.16%；和父母一同游园的相对较少，占比 5.97%，如表 5-16 所示。

表 5-16 结伴出行者的类型比例

调查指标	样本信息	占比/%
结伴出行者的类型	同朋友一起	34.94
	与子女同行	25.15
	与配偶、爱人一起	24.78
	单独出游	9.16
	同父母一起	5.97

注：作者自绘。

（2）公园绿地使用频率

受访者到访公园的频率，每天到访公园的人群占比 17.67%，一周到访 3~5 次的人群占比 39.13%，一周一次的人群占比 28.23%，两至三周一次的占比 12.30%，几乎不去公园绿地的人群占比 2.67%。总体来说，扬州市中心城区居民对公园绿地的使用频率较高，绿地休闲活动占据其生活的重要部分，因此提升现状公园绿地服务的水平，对提高其使用频率、优化其公园绿地使用体验具有重要意义，具体数据如表 5-17 所示。

表 5-17 公园绿地使用频率

调查指标	样本信息	占比/%
公园绿地使用频率	每天到访	17.67
	一周到访 3~5 次	39.13
	一周一次	28.23
	两至三周一次	12.30
	几乎不去	2.67

注：作者自绘。

（3）出行方式

大部分居民到访公园绿地的方式为步行,占比48.28%,因为步行前往公园绿地也起到了强身健体的作用;其次选用公交方式到访公园绿地的占比26.70%;采用自行车或电动车方式的占比18.50%;乘私家车或出租车到访公园绿地的占比6.52%,如图5-43所示。

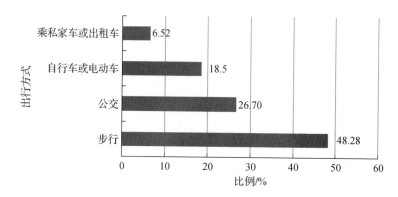

图 5-43　出行方式
图片来源:作者自绘

（4）游园时段

调查显示,居民多于一天中的傍晚或是晚上到访公园绿地进行锻炼休憩,分别占比42.82%、49.30%;其次是于早晨及上午进行游园活动,分别占比21.09%、18.55%;而最少使用公园绿地的时间段为中午,占比3.68%。这与居民的日常生活规律是相契合的,晚上多为居民的休息时间,故公园绿地游憩人数在此时间段占比较高;其次便是早晨,老龄群体占此时间段使用群体的主要比例,这是由其空闲时间多、常有强烈的提高身体素质的需求所导致的,如图5-44所示。

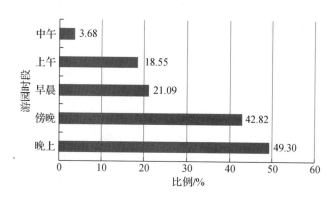

图 5-44　游园时段
图片来源:作者自绘

（5）游园目的及停留时间

居民游园活动的目的类型、停留时间差异与其生活方式密切相关。例如中年群体由于工作繁忙、空余时间有限,到访公园绿地的目的常为陪孩子玩耍休憩,停留的时间相对有限。根据具体的问卷调查分析得知,居民到访公园绿地的使用目的主要为休息放松,占比 39.78%;其次为陪家人孩子游玩,占比 35.69%;除此之外锻炼身体占比 23.48%;其他活动占比 1.05%。故扬州市中心城区公园绿地中可适量增设休憩的空间及停留设施,部分增加青少年儿童游乐设施。

问卷数据显示,城市居民在公园绿地中的游憩停留时间在一个小时或以上的占比较大,占总量的 75.34%;其次是半个小时以内的游憩活动,占比 14.28%;停留两个小时左右的占比 9.35%;停留两个小时以上的占比 1.03%。总体来说,城市居民对公园绿地的使用时长是较高的,这说明公园绿地服务在一定程度上满足了其使用需求,对其具备一定的吸引力,如表 5-18 所示。

表 5-18　游园目的及停留时间

调查指标	样本信息	占比/%
游园目的	休息放松	39.78
	陪家人孩子游玩	35.69
	锻炼身体	23.48
	其他	1.05
游园停留时间	一个小时或以上	75.34
	半个小时以内	14.28
	两个小时左右	9.35
	两个小时以上	1.03

注:作者自绘。

(6) 到访公园绿地的影响因素

影响城市居民出行游园的因素中,公园绿地离家近成为被选择的首要因素,占比 62.38%;公园绿地设施及环境具备较高的吸引力及特色,是影响居民到访公园绿地的另一大因素,占比 22.53%;公园绿地所处位置交通方便、出行方式选择多的占比 15.09%,具体如图 5-45 所示。根据上述数据,可见距离因素是影响城市居民出行选择的重要因素之一,故应优化现状绿地的布局,提高交通的便利度及通达度,在居住区周围合理增设公园绿地。

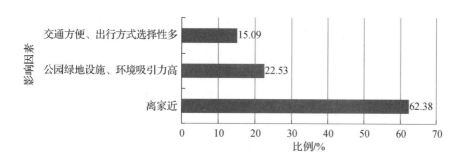

图 5-45 到访公园绿地
的影响因素
图片来源:作者自绘

（7）居住区周围公园绿地数量

较大比例的居民指出自身所居住范围 500 m 以内有一处公园绿地的占比 47.17％,超过一处的占比 28.45％,所居住区域 500 m 范围内无公园绿地的占比 24.38％,其余为不清楚的人群,可忽略;具体如图 5-46 所示。总体来说,扬州市中心城区公园绿地的覆盖范围较大,较大部分的居住区可获得就近的公园绿地服务;但仍然有部分居住区未处于服务覆盖范围内,经调查其主要聚集于城市的边缘区域,故应根据现状居住用地的分布,适量合理地增设公园绿地。

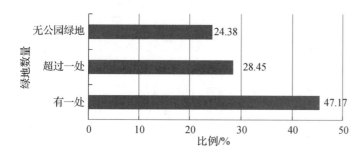

图 5-46 居住区周围公园绿地数量
图片来源:作者自绘

2）城市居民满意度及评价

（1）城市居民满意度

问卷设计将公园绿地的满意度设为非常满意、基本满意、一般、不满意、非常不满意五个选项,其中 44.47％的居民对公园绿地的服务表示非常满意,46.51％的居民表示基本满意,仅有 0.38％的居民不满意公园绿地的服务。总体来说,扬州市居民对公园绿地的服务持认可态度,基本达到满意的水平。47.40％的受访者认为扬州的综合公园建设最好;其次是体育公园的建设满意度较高,占比 38.25％;然后是专类公园,占比 9.92％;居民满意度不佳的两个绿地类型为社区公园及游园,分别占比 3.30％、1.14％。据此可知,现状扬州市中心城区公园绿地中综合公园的建设及服务达到了一定水平,但社区公园及游园的建设需进行提升,如表 5-19 所示。

表 5-19　城市居民整体满意度及对不同公园绿地类型满意度

调查指标	样本信息	占比/%
城市居民满意度	非常满意	44.47
	基本满意	46.51
	一般	8.43
	不满意	0.38
	非常不满意	0.21
城市居民对不同类型公园绿地的满意度	综合公园	47.40
	体育公园	38.25
	专类公园	9.92
	社区公园	3.30
	游园	1.14

注:作者自绘。

（2）现状问题

虽然城市居民对现状公园绿地的建设大部分持较为认可的态度,但仍存在一定的问题,须对其加以解决以提升公园绿地的服务水平。其中,55.27%的居民认为现状公园绿地的建设较为雷同,形似度太高,这为较为突出的问题;44.23%的居民认为公园绿地提供的类型单一,缺乏儿童乐园等专类公园的建设;而认为公园绿地的管理状况不佳、位置分布不合理的分别占比 34.32%、19.47%;15.28%的居民认为缺乏休闲商业配套的功能,如图 5-50 所示。

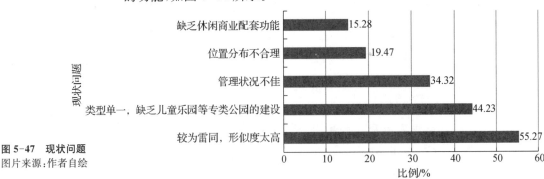

图 5-47　现状问题
图片来源:作者自绘

（3）城市居民的期望

在期望增设的公园绿地位置方面,较大比例的居民表示期望在居住区周边增加公园绿地的数量,占比 79.54%;部分期望在城市滨水区域及交通枢纽周围增设公园绿地,分别占比 33.04%、30.5%;期望在历史建筑周边、商业建筑周边及公共设施周边增设公园绿地的占比较为平均,分别为 28.18%、27.70%、28.34%。

在期望增设的公园绿地设施方面,较大部分的受访者期望在公园绿地增设休憩设施,占比 51.23%;其次是期望增加儿童游乐活动设施,占比 37.53%;期望增加体育锻炼设施、公厕垃圾桶等环卫设施、文化展览设施、停车场的交通设施的分别占据一定的比例,说明居民对休憩设施需求占比较大。

在期望增设的公园绿地类型方面,59.67%的居民认为扬州市应增设植物园;56.34%的居民认为应增设儿童公园;36.85%的居民认为应该增设游园;认为应该增设社区公园及动物园的占比分别为 33.29%、34.94%,可见现状公园绿地的建设类型存在一定的不足,如表 5-20 所示。

表 5-20　城市居民期望

调查指标	样本信息	占比/%
期望公园绿地增设的位置	居住区周边	79.54
	城市滨水区域周围	33.04
	交通枢纽周围	30.50
	历史建筑周边	28.18
	商业建筑周边	27.70
	公共设施周边	28.34
期望公园绿地增设的设施	休憩设施	51.23
	儿童游乐活动设施	37.53
	体育锻炼设施	35.32
	公厕垃圾桶等环卫设施	33.20
	文化展览设施	32.15
	停车场的交通设施	25.83
期望专类公园增设的类型	植物园	59.67
	儿童公园	56.34
	游园	36.85
	社区公园	33.29
	动物园	34.94

注:作者自绘。

5.4.3 小结

本小节通过不同指标,从城市居民满意度视角分析评价公园绿地的服务水平。总体来说,公园绿地的主要使用群体为老龄群体,无明显的性别差异。城市居民中到访公园绿地休憩游玩的人数较多,占研究区人数总量的大部分比例,对公园绿地的使用频率及时长较高,这从侧面反映出现状公园绿地具备一定的吸引力,与居民生活联系紧密,其服务达到了一定水平。根据对居民的出行偏好及使用需求的调查,发现公园绿地的区位为影响其出行的重要因素,其次为公园绿地自身建设状况。居民对休憩设施的需求较大,应进行相应增量规划。根据满意度调查可知,扬州市民对公园绿地的服务持较为认可的态度。

但现状公园绿地服务同样存在一些有待提升的方向,例如部分公园绿地设计略显单调,绿地类型有待丰富完善,部分公园绿地后期管理维护有待规范等,应根据城市居民对公园绿地的期望及建议,对现状公园绿地进行相应的提升。(图 5-48)

图 5-48 瘦西湖沿岸风光
图片来源:作者自摄

5.5 本章小结

本章分别从公园绿地服务供给质量、公园绿地服务公平性、城市居民满意度三个维度分析评价了扬州市中心城区公园绿地的服务水平。

在公园绿地服务供给质量方面,以不同指标对扬州市中心城区公园绿地的服务进行调研分析,得出公园绿地的服务供给达到了一定水平,其中综合公园、体育公园的建设成果较为显著。但现状公园绿地仍可从部分方向进行提升,例如社区公园及游园建设数量有待增加,专类公园类型可进一步丰富,老城区部分绿地管理维护有待加强,部分体育公园的建设可增加特色性。

在公园绿地服务公平性方面,包括城市总体层面的可达性测度及聚焦于老龄群体的社会公平正义分析,分别应用了两步移动搜索法、洛伦兹曲线及基尼系数法、区位熵法进行分析评价。根据数据分析结果得出,从城市居民总体层面来说,公园绿地服务的可达性基本覆盖城市中心城区,并且随出行速度的提升,可达性程度逐步提高。针对老龄群体的社会公平正义分析评价得出,老龄群体获取的公园绿地服务在一定程度上低于城市总体水平,尤其在城市边缘区域及老城区表现较为突出,应进行相应的提升优化。

在城市居民满意度方面,运用不同指标对城市居民的基本属性、游憩行为特征及满意度评价进行分析,得出公园绿地服务对城市居民具备一定的吸引力,其使用的人数占比较大,使用频率及时长较高。距离是影响居民出行的重要因素,居民多期望在居住区周围增设公园绿地,并对休憩设施表现出较大需求。总体来说,居民对公园绿地的服务持较为认可的态度,但同样提出了现状公园绿地的不足之处,例如部分公园绿地存在同质化的现象,公园绿地类型相对单一,部分公园绿地的管理维护有待提升等。

6 扬州市中心城区公园绿地服务水平优化提升策略

6.1 扬州市中心城区公园绿地服务可提升方向

根据评价研究章节的分析,现状扬州市中心城区公园绿地服务取得了一定的成果,达到了较高的建设服务水平,但为促进其进一步的提升,可从部分方向进行优化。经总结,现状扬州市中心城区公园绿地服务可进行提升的方向,主要可划分为以下几个方面。

6.1.1 公园绿地数量分布有待均衡

扬州市中心城区公园绿地服务公平性呈现西高东低的分布特征,这一部分是基于人口分布的客观原因,但在更大的程度上是由公园绿地分布不均所造成的,因为公园绿地服务区位熵较低的社区单元常表现为公园绿地数量供给不足,此类社区享有的公园绿地服务低于城市总体水平。扬州市中心城区公园绿地数量分布呈现城市中部区域多于城市外围的特征,总体来说,公园绿地数量供给相对较低的社区多聚集于城市中心的老城区域及城市外围区域。

其中老城区的城市发展较为完善,用地格局固定,相关建设较为成熟,并且扬州老城区分布着大量的历史文化遗址,这使得老城区中可作为公园绿地建设的用地有限,致使此区域公园绿地的数量较少、规模偏小;但老城区人口分布较为密集,这在很大程度上增加了公园绿地的使用负荷,削减了居民实际所享有的公园绿地服务,导致公园绿地服务低于城市总体水平。老城区公园绿地服务供给数量相对不足,降低了公园绿地服务的总体水平及公平度。

在城市边缘区域,公园绿地资源供给数量有限,公园绿地建设发展相对滞后于其他区域,导致部分社区处于服务盲区之中,人居环境有待提升。这些社区的居民常需花费更多的时间距离成本到访其他社区范围内的公园绿地,较大程度上降低了公园绿地服务的总体水平。例如江都区东部及北部的嘶马村、双港村、三荡村等社区,其社区范围内基本无公园绿地的分布,绿地发展相对滞后于城市其他区域,此区域的公园绿地服务水平有待提升。

6.1.2 公园绿地类型有待完善

扬州市中心城区公园绿地类型有待完善主要体现于两个方面:一是社区公园及游园的数量有待提升;二是专类公园的类型有待完善。

根据实地调研及居民问卷调查得出,现状扬州市中心城区公园绿地的不同类型中,社区公园及游园的数量相对欠缺,例如汤汪、双桥、广陵新城、杭集、江都北区等区域社区公园及游园的数量相对欠缺,需进行提升。

扬州市中心城区专类公园的类型相对不完善。现状专类公园以历史名园及体育公园居多,而专类公园中其他类型的公园如植物园、动物园、游乐园等数量较少。在广陵区东部分布了部分游乐公园,例如马可波罗花世界乐园、扬州乐园等,其余区域基本无其他类型的专类公园;还有部分专类公园承担着复合功能,例如茱萸湾公园同时承担动物园及植物园的功能。根据城市居民满意度视角的服务水平调查分析可知,居民的主观评价同样提出专类公园类型相对单一是影响当前扬州市中心城区公园绿地服务水平的重要因素,居民对其他类型专类公园的建设报以较大的期望,儿童公园、游乐园等为居民建设意愿较为强烈的专类公园类型。

6.1.3 公园绿地设施建设及管理维护有待提升

(1)公园绿地的设施建设有待提升

公园绿地的设施建设在总体层面表现较好,但老城区的设施建设有待提升,其中社区公园及游园的设施建设水平相对低于其他类型的公园绿地。老城区公园绿地设施建设有待提升的方向可分为两方面。

一是设施服务压力过大、损耗严重导致的建设服务状况有待提升。老城区高密度的人口分布产生的大量游憩需求,与质量、规模有限的公园绿地服务供给之间产生较大矛盾,对公园绿地的设施造成较大服务压力,高频次的使用致使设施耗损严重,导致公园绿地的服务水平相对滞后。

二是公园绿地建设时间过早导致的设施建设有待提升。老城区中分布大量建设时间较早的公园绿地,而这些公园绿地中的相关设施于当前而言略显简陋,存在老旧、类型相对单一等状况,导致居民的使用舒适感不佳,使用频率不高,引发绿地服务水平不高的现象,例如三笑公园、琴曼公园等为表现较为明显的公园绿地。

（2）部分公园绿地管理维护有待提升

公园绿地管理维护有待提升主要体现为两个方面。

一是老城区游园存在非游憩行为的侵占现象，但相应管理维护措施有限。在实地调查中发现，现状老城区一定数量的游园内部空间被占作他用，例如被用作停车位、晾晒场地、杂物堆放地等，城市居民到访绿地空间难以进行休憩活动，公园绿地服务未达到预期目标，管理维护状态有待提升，导致其服务水平降低。

二是部分公园的设施管理维护有待提升，存在设施受损的现象，其中，社区公园占比较多，例如樱之园社区公园存在健身步道多处破损的状况。根据城市居民对公园绿地的满意度及评价调查，较大比例的居民提出部分公园绿地的设施质量及管理维护需进行改善，并对于设施优化表达出较为强烈的意愿。（图6-1、图6-2）

图6-1 三湾湿地公园绿地现状Ⅰ
图6-2 三湾湿地公园绿地现状Ⅱ
图片来源：作者自摄

6.1.4 城市交通通达程度有待提升

现状扬州市中心城区交通有待提升的方向主要分为三个方面。

一是边缘区域的道路网络有待提升。通过分析居民的出行方式及选择偏好，发现距离成本是影响其选择公园绿地的重要因素。交通网络的通达程度、通行环境的质量高低，在较大程度上影响着公园绿地的可达性，而城市居民与公园绿地的互动效率在很大程度上影响着公园绿地的服务水平。扬州市中心城区的道路建设在城市中部区域较为完善，但在城市边缘区域的道路网络体系相对简单，有待进一步提升，例如广陵区南部、开发区南部等。

二是城市边缘区域公交线路及站点的分布有待完善。公交作为居民出行的重要方式，其完善状况在较大程度上影响着公园绿地的服务水平。根据分析可知，公交网络基本覆盖扬州市中心城区，于城市中心区域较为密集，但城市边缘区域的公共交通建设相对低于城市总体水平。根据可达性分析,出行速度的提高有助于公园绿地可达性的提升,公交出行方式下,公园绿地服务的可达性高,但公交线路不普及的区域,绿地服务可达性相对较差,例如江都区东部和北部、广陵区北部等。交通便利程度低是导致这些区域公园绿地服务可达性不高的重要原因之一。

　　三是绿道建设存在隔断现象。绿道建设属于交通建设的范畴,经调查,现状部分规模较大的公园绿地之间与规划绿道存在一定的隔断现象,导致公园绿地的空间连续性及整体感相对较低。例如竹西公园、揽月河体育休闲公园、九龙湖公园等与规划绿道未直接相连,存在一定的距离,导致区域公园绿地服务未形成完整体系。(图6-3、图6-4)

图6-3　竹西公园
图6-4　曲江公园
图片来源:作者自摄

6.1.5　部分体育公园同质化现象有待解决

　　体育公园作为近年来扬州市普遍推进建设的公园绿地类型,现状取得较为显著的建设效果,成为扬州公园绿地的特色类型之一。但是,根据实际的现场调研发现,部分体育公园存在一定的同质化现象,许多公园绿地虽被冠以"体育公园"的名称,但实际上只是简单配置了部分体育健身设施,公园绿地主题并不明确,特色不突出,且缺乏相关的建设标准,存在建设水平良莠不齐的现象。例如江都区的玉带体育休闲公园便是如此,其仅配置了部分的健身设施及广场空间,与周边环境无相应的联系呼应,管理维护有限,居民的参与度不高,导致服务水平低于其他体育公园。

6.2　优化策略

　　根据上述公园绿地服务可提升发展的方向,现尝试提出针对性的优化提升策略,以期促进扬州市中心公园绿地服务水平的进一步提高,促进资源的有效利用,发挥政府投入的最大效益。

6.2.1　因地制宜的多样化公园绿地增建

针对公园绿地数量有待提升的现象,可优先对区位熵数值异常的社区单元,例如老城区及城市边缘区域这类低区位熵的区域,包括江都区东部及北部、广陵区南部等,通过不同的方式进行因地制宜的多样化增量提升。

(1) 老城区的绿地增建

老城区承担的功能复杂、用地格局固定且密集分布历史文化遗址,较难进行大规模的动迁改革,较大面积的公园绿地建设的社会经济成本高且可行性低,故可在现有公园绿地的基础上,拓展其服务内容,并对现状零碎空间、废弃地等进行利用,与现状居住用地布局紧密结合,合理增设中小型的点状公园绿地,以社区公园及游园两种类型为重点建设类型,完善公园绿地的类型配置结构。居民游憩行为特征调查数据显示,62.38%的居民倾向于选择居住区周围的公园绿地进行游憩,故结合居民点的社区公园、游园增设,能够满足居民所提出的于居住区周围就近游憩的期望,缓解现状公园绿地服务压力,增大公园绿地的服务覆盖度。在条件允许的情况下,可将增设的游园与现状老城区的水系绿廊相联系,形成完善的绿地空间,提升公园绿地的连通性和可步行性,使其融入居民的日常生活,提升其服务水平。由于老城区老龄群体较为密集,可在一定程度上注重特殊群体的需求特征,对公园绿地内部活动空间及设施进行相应的组织。

除上述措施外,还应对居住用地的扩张进行严格控制,保证现存的公园绿地不被蚕食;通过相关政策倡导居住区内景观环境的更新提升,建立补偿机制以鼓励大型的商业空间、写字楼等将部分开放空间改建为面向城市居民的公共游憩空间;除此之外还可部分增加其他附属绿地的游憩空间以缓解老城区公园绿地服务压力。

(2) 城市外围的公园绿地增建

城市外围区域发展相对不成熟,为城市未来发展的区域,处于开发建设的进程之中,其用地空间较大,可进行大型的绿地建设以增大公园绿地的服务覆盖面积,完善、丰富公园绿地的类型,提升区域公园绿地的供给。但需注意的是,由于规划的时效性,此区域的公园绿地增建,应根据城市发展的战略方向及未来绿地系统的空间结构进行整体布局,为避免建设时序过于超前,致使绿地资源浪费的状况,还应根据现状居住区的分布进行公园绿地的增量规划。

城市外围区域的公园绿地增建应有重点,可根据区域环境的差异,分主次、分类型进行建设。例如江都区西部、广陵区东部的沿江区域,便可充分利用现有的自然水系资源,考虑绿地生态保育的限制,沿江淮生态大走廊,重点加强儿童公园、植物园、动物园等现状较为缺乏的公园绿地类型建设,与现状的扬州乐园、茱萸湾公园、马可波罗花世界乐园等相融合,形成扬州市中心城区范围内游乐休憩的主题集中区域。

而在江都区北部及东部、广陵区南部区域,可从居民的需求视角进行考虑,根据其日常生活行为特征,合理做好公园绿地的增量规划。尤其是此区域的老龄群体人口分布数量较大,公园绿地的增设可适量增强对老龄群体的关怀,例如:根据其日常活动区域进行公园绿地选址;根据其行为习惯及游憩特征组织公园绿地内部的设施及活动空间,注重无障碍设施的设计分布等。

6.2.2　需求导向的游憩设施提升及增建

根据城市居民的评价,应对现状老城区中陈旧、受损的游憩设施及铺装进行针对性更新修缮,提升其游憩设施的服务能力,扩展现有的活动类型,组织增设相关设施,以满足不同人群的游憩需求。

游憩设施的增建可从多个方面进行。一是根据居民的主观评价及期望可知,休憩设施是扬州市居民认为急需建设的设施类型,其次为儿童游乐活动设施、体育锻炼设施、公厕垃圾桶等环卫设施,故可根据居民的主观意愿需求,着重增加公园绿地的休憩设施建设。除休憩座椅外,可结合自然景观、文化小品、植物造景等建设多样化的休憩设施,例如台阶、树池座椅、亭廊、栈道等,吸引居民的驻足停留,提高公园绿地的使用频率。除此之外,也应适当增加其他相关游憩设施的建设。还应针对不同人群的游憩需求,进行游憩设施配置及规划,提升公园绿地的服务质量及综合功能,从而提升其服务水平。二是游憩设施的增建中,尤其应注重老龄群体的需求及特征。根据调研可知,老龄群体为扬州市中心城区公园绿地的主要使用群体,故可根据其活动特征,为年龄较大的老年群体组织离出入口较近的静态休憩设施空间,为其他老龄群体提供多样化的活动场地,根据动静程度的不同合理分布于公园绿地的不同区域,应注意活动场地的平整性。除此之外,由于一部分老龄群体常携儿童于公园绿地进行休憩游乐,故可灵活拓展老龄群体游憩设施及活动空间,将休憩设施与儿童游乐设施相结合进行设置。

6.2.3　规范管理维护机制

扬州市中心城区公园绿地的管理维护部分为政府部门负责,部分由其他建设单位进行,现状公园绿地管理维护存在良莠不齐的状况。

(1)建立管理考核制度

一是建立相关的管理机制,督促管理维护部门对公园绿地中的问题进行及时解决,同时与其他部门对接,齐抓共管,严格控制公园绿地中的侵占行为;对相关工作人员进行专业化培训,要求其对公园绿地组织定期的清理检查,切实加强公园绿地的日常管理,增强居民使用的舒适度。二是建立相应的考核机制,可适当使居民参与到考核评价中,充分激发各级部门的管理积极性,提高基层工作人员的实际执行能力,使其定期对公园绿地设施进行修缮,增加公园绿地的日常清洁工作的频率,对园容卫生质量进行维护管理,保持良好的卫生环境条件,实现公园绿地的长效管理。除上述措施外,还应注重对公园绿地管理维护状态的调研普查,定期制定公园绿地维护及长远期修缮建设计划。

（2）建立民意反馈通道及奖励机制

一是建立相关的民意反馈通道及机制,促进城市居民参与到公园绿地的管理维护工作中,监督相关部门工作的开展执行,提升城市居民对公园绿地的认同感。可通过相关网络参与平台、意见调查、成果展示等方式,为居民提供表达诉求建议的机会,相关部门应对城市居民的反馈意见及相关诉求进行有效收集,并作出及时有效的应对工作。二是建立适当的奖励机制,主要是对城市居民的监督建议的奖励,对于在公园绿地管理维护过程中,进行有效监督并提出具备可行性价值的建议举措的城市居民,可适当给予一定的奖励,调动城市居民参与公园绿地管理维护的积极性。

（3）建立社区公园及游园的管理维护策略

社区公园及游园作为扬州市中心城区公园绿地管理维护水平较差的类型,急需进行优化提升。其管理维护水平低,常是由资金投入的限制及相关管理的缺失所导致的,因此可充分发挥居民的参与性,以政府为主导,组织社区居民形成社会公益性组织,参与到社区公园及游园的资金投入、管理维护等相关事务中,辅助政府及相关部门工作的开展,加强城市居民在公园绿地管理维护中的监督作用。并可对社区公园及游园的建设维护中表现突出者,给予相关的奖励支持,鼓励城市居民参与到社区公园及游园的建设中来。

6.2.4 完善城市交通建设

（1）完善路网建设

合理规划城市边缘区域的路网建设,优化现状的路网体系,增强道路的通达性。例如开发区南部、广陵区南部等,可根据周边用地性质及公园绿地的分布,针对性地增建相应道路,从道路连通层面减少居民出行游园的阻力,提高城市居民与公园绿地的互动效率以提升公园绿地服务水平。

（2）完善公交体系建设

在公交覆盖盲区例如江都区东部及北部等，可进行合理的公交选线，完善公共交通系统的建设，提高其覆盖度；并结合公园绿地的出入口，合理布置公交站点，实现公交站点与公园绿地的有效无缝衔接，便利居民出行，从而提高居民的出行效率，提升公园绿地的可达性及服务水平。

（3）完善绿道体系建设

前文可达性分析中得出，自行车交通方式下的公园绿地可达性较好。为提升公园绿地服务的水平，可通过绿道的规划建设，完善慢行交通网络，提高居民出行的便捷性，为其提供舒适的骑行环境。与此同时，绿道的建设可加强公园绿地之间的空间连贯性，有助于绿地系统骨架的建立。

根据现状扬州市中心城区绿道可进行提升的方向，绿道的建设可注重打通公园绿地之间的联系，充分提高公园绿地的连续性，发挥大型公园绿地的服务功能。例如竹西公园（图6-5、图6-6）、揽月河休闲体育公园、九龙湖公园、杭集中心广场公园等与现有绿网廊道之间尚存一定距离，可通过绿道建设串联公园的最后末梢道，使绿地形成完整系统，提高居民的出行效率，为其提供便利，从而提升绿地服务水平。

图6-5　竹西公园Ⅰ
图6-6　竹西公园Ⅱ
图片来源：作者自摄

6.2.5　提升体育公园特色性

体育公园的特色性营造，可充分挖掘体育公园周围的用地条件及文化环境背景，建设富有主题特色的公园绿地。可通过植物氛围的营造、不同空间的开敞设计、地形的变化，结合相应的健身活动组织及多样化健身设施配置，提升体育公园的特色性及景观丰富度，避免千篇一律的现象，以吸引不同类型居民的驻足、活动，加强居民对公园绿地服务的认同感及归属感。

例如沿河流水系的体育公园建设，就可充分利用水环境资源，建设生态健身空间，可组织亲水休憩广场结合文化设施营造特色空间，为居民提供健身、交往的场地；根据水系景观组织植物空间的开合，并据此设置滨水步道,丰富居民的健身体验;组织多样化的健身活动设施满足不同人群的健身需求。

6.3 本章小结

本章对评价研究中分析得出的扬州市中心城区公园绿地服务可提升的方向进行梳理总结,主要包含数量分布有待均衡、类型有待完善、设施建设及管理维护有待提升、交通通达程度有待提升、部分体育公园同质化现象有待解决五个方面。针对上述提升方向本书试图提出针对性的优化策略,以期提升公园绿地的服务水平,主要包括因地制宜的多样化公园绿地增建、需求导向的游憩设施提升及增建、规范管理维护机制、完善城市交通建设,以及提升体育公园特色性。

7 结论与讨论

7.1 研究结论

　　本书从公园绿地与城市游憩空间的基本要素出发,以介绍城市公园绿地布局的系统认知以及城市绿地景观风貌特征评价为整体核心内容。以徐州市、扬州市中心城区公园绿地服务公平性研究为例,同时对其中心城区公园绿地服务公平性提出相关优化提升策略。城市绿地景观风貌特征评价是一个重要的环境管理指标,它涉及绿地的规划、设计、维护等各个方面。它可以帮助我们了解城市绿地的规划设计是否符合当地的文化特色和生态环境的要求,绿地的设施是否丰富多彩,绿地的维护状况是否良好,绿地是否具有良好的景观效果等。此外,还可以帮助我们了解绿地对于改善空气质量、减少温室气体排放、改善城市气候等的作用。只有深入了解城市绿地的景观特征,才能有效地推动城市绿地的建设和发展。

7.2 研究展望

　　城市公园绿地布局的系统认知对于我国公园城市的发展至关重要。城市绿地景观风特征貌评价是城市绿色建设的重要组成部分,它不仅可以反映城市的绿色建设水平,而且可以作为社会可持续发展的重要标志。未来,我们将加强对城市绿地景观风貌特征的评价研究,更加注重绿色建设的可持续性、可操作性和可观性,不断提升城市绿地的建设水平。此外,要完善城市绿地景观风貌特征评价体系,结合现有的技术和理论,建立全面、科学、客观的评价指标体系,提高城市绿地景观风貌特征评价的准确性。此外,我们还要充分利用现代信息技术,实现城市绿地景观风貌特征的实时监测与评价,使得城市绿色建设更加全面、可持续。总之,城市绿地景观风貌特征评价未来可期,今后我们将以更加全面、科学、客观的方式,更好地评价城市绿地景观风貌特征,为城市绿色建设提供更加有力的支持。

参考文献

[1] 李敏稚,尉文婕.绿色城市设计策略体系:以粤港澳大湾区为例[J].风景园林,2021,28(8):51-57.

[2] 彭长歆,蔡凌.广州近代"田园城市"思想源流[J].城市发展研究,2008(1):145-148.

[3] 胡巧利.浅论孙科的都市规划思想及实践[J].广州社会主义学院学报,2013(4):73-77.

[4] 史密斯.游憩地理学:理论与方法[M].吴必虎,等译.北京:高等教育出版社,1992.

[5] 保继刚,楚义芳.旅游地理学[M].北京:高等教育出版社,1999.

[6] 俞晟.城市旅游与城市游憩学[M].上海:华东师范大学出版社,2003.

[7] 张汛翰.游憩规划设计研究:游憩项目设置方法探析[J].中国园林,2001,17(2):11-13.

[8] 黄羊山.旅游规划原理[M].南京:东南大学出版社,2004.

[9] 吴必虎,董莉娜,唐子颖.公共游憩空间分类与属性研究[J].中国园林,2003,19(5):48-50.

[10] 陈蓉霞.贝塔朗菲:人文系统理论的先驱者[J].自然辩证法通讯,1995,17(1):65-74.

[11] 苗东升.复杂性科学研究[M].北京:中国书籍出版社,2013.

[12] 张小娟.智慧城市系统的要素、结构及模型研究[D].广州:华南理工大学,2015.

[13] 克鲁格梁柯夫.城市绿地规划[M].成勋,译.北京:城市建设出版社,1957.

[14] Bruinsma F,Rietveld P. The accessibility of European cities:theoretical framework and comparison of approaches[J]. Environment and Planning A:Economy and Space,1998,30(3):499-521.

[15] 中共中央 国务院印发《生态文明体制改革总体方案》[EB/OL]. (2015-09-21)[2022-03-31]. http://www.gov.cn/guowuyuan/2015-09/21/content_2936327.htm.

[16] 赵欣悦.基于GIS的哈尔滨市中心城区公园绿地可达性研究[D].哈尔滨:东北林业大学,2022.

[17] 王一帆.基于可达性评价的城市公园绿地布局优化研究:以天津中心城区为例[D].天津:天津大学,2018.

[18] 胡志斌,何兴元,陆庆轩,等.基于GIS的绿地景观可达性研究:以沈阳市为例[J].沈阳建筑大学学报(自然科学版),2005,21(6):671-675.

[19] 江琳玉.基于服务半径的城市公园体系规划研究:以龙岩市主城区为例[J].城

市建筑,2022,19(19):195-198.

[20] Van Rooijen M. Garden city versus green town:the case of Amsterdam 1910-1935[J]. Planning Perspectives,1990,5(3):285-293.

[21] Flores A,Pickett S T A,Zipperer W C,et al. Adopting a modern ecological view of the metropolitan landscape:the case of a greenspace system for the New York City region[J]. Landscape and Urban Planning,1998,39(4):295-308.

[22] Nelson J G. National Parks and protected areas,national conservation strategies and sustainable development[J]. Geoforum,1987,18(3):291-319.

[23] Hardy D. Regaining paradise:Englishness and the early garden city movement [J]. Journal of Historical Geography,2001,27(4):605-606.

[24] 吴人韦. 国外城市绿地的发展历程[J]. 城市规划,1998(6):39-43.

[25] 王敏,梁爽. 健康城市背景下太原市中心城区绿地生态网络规划[J]. 规划师,2021,37(4):44-50.

[26] 夏欣,阴帅可,高翅. 近代武汉市政规划中的"公园":早期公园系统的本土化及启示[J]. 中国园林,2022,38(1):46-51.

[27] 林凯旋,倪佳佳,周敏. 公园城市的思想溯源、价值认知与规划路径[J]. 规划师,2020,36(15):19-24.

[28] 冯帆. 绿地系统总体规划引入游憩型绿地子系统规划的思考:以佛山市为例[J]. 城市,2011(3):36-39.

[29] 吴冠岑,牛星,田伟利. 我国特大型城市的城市更新机制探讨:全球城市经验比较与借鉴[J]. 中国软科学,2016(9):88-98.

[30] 金云峰,李涛,周聪惠,等. 国标《城市绿地规划标准》实施背景下绿地系统规划编制内容及方法解读[J]. 风景园林,2020,27(10):80-84.

[31] 陈倩,周晓男,钱源. 系统思维下的"公园城市"规划探索[J]. 人文园林,2021(1):61-64.

[32] 秦桢. 公园城市背景下小城市全域公园系统规划研究:以东营市利津县为例[D]. 济南:山东建筑大学,2020.

[33] 魏薇. 公园城市建设理念下城市绿地系统规划探讨:以成都为例[J]. 城市建筑空间,2021(S1):80-81.

[34] Pietilä M,Fagerholm N. A management perspective to using Public Participation GIS in planning for visitor use in National Parks[J]. Journal of Environmental Planning and Management,2019,62(7):1133-1148.

[35] 谢禹. 基于GIS和空间句法的城市公园绿地系统规划研究:以兰州市中心城区为例[D]. 济南:山东建筑大学,2022.

[36] 尹明杰. 基于多源数据的城市公园绿地有机更新研究[D]. 青岛:青岛科技大学,2022.

[37] 刘敏. 基于协同理论的城市公园绿地空间格局生成机制研究[D]. 合肥:安徽农业大学,2018.

[38] 张苗苗. 基于公园城市理念的城市公园绿地系统优化策略研究:以南昌市中心

城区为例[D]. 北京:北京建筑大学,2022.

[39] Chen Q X, Wang C, Lou G, et al. Measurement of urban park accessibility from the quasi-public goods perspective[J]. Sustainability,2019,11(17):4573.

[40] Fan Y Y, Cheng Y N. A layout optimization approach to urban park green spaces based on accessibility evaluation: a case study of the central area in Wuxi city[J]. Local Environment,2022,27(12):1479-1498.

[41] 青果,胡金龙,艾烨,等. 基于空间句法和 POI 数据的综合性公园可达性研究:以成都市中心城区为例[J]. 广西师范大学学报(自然科学版),2023,41(2):201-212.

[42] Yu W Y, Hu H, Sun B D. Elderly suitability of park recreational space layout based on visual landscape evaluation[J]. Sustainability,2021,13(11):6443.

[43] Giassi M, Göteman M. Layout design of wave energy parks by a genetic algorithm[J]. Ocean Engineering,2018,154:252-261.

[44] 傅凡,靳涛,李红. 论公园城市与环境公平[J]. 中国名城,2020(3):32-35.

[45] 刘群阅,吴瑜,肖以恒,等. 城市公园恢复性评价心理模型研究:基于环境偏好及场所依恋理论视角[J]. 中国园林,2019,35(6):39-44.

[46] 胡庆春. 使用状况评价理论在城市公园规划中的应用研究[D]. 长沙:湖南大学,2009.

[47] 徐宇曦,陈一欣,苏杰,等. 环境正义视角下公园绿地空间配置公平性评价:以南京市主城区为例[J]. 应用生态学报,2022,33(6):1589-1598.

[48] 李方正,宗鹏歌. 基于多源大数据的城市公园游憩使用和规划应对研究进展[J]. 风景园林,2021,28(1):10-16.

[49] 薛亚东,孙忠,刘梦豪,等. 基于复杂网络模型的城市防灾公园布局系统优化[J]. 山西建筑,2022,48(22):29-33.

[50] 高伟,陈香琪,陈莎. 十五分钟社区生活圈典型划定方法及其应用:以成都市金牛区为例[J]. 住区,2022(2):13-19.

[51] 褚凌云,邓屏,杨卫武. 公共文化设施满意度实证研究:以上海市为例[J]. 经济师,2011(7):9-11.

[52] 王欢明,诸大建,马永驰. 中国城市公共服务客观绩效与公众满意度的关系研究[J]. 软科学,2015,29(3):111-114.

[53] 杨丽娟,杨培峰,陈炼. 城市公园绿地供给的公平性定量评价:以重庆市中心城区为例[J]. 中国园林,2020,36(1):108-112.

[54] 甘草. 基于大数据的北京老城公园绿地公平性评价[J]. 北京规划建设,2020(1):17-23.

[55] 李远. 基于供需平衡的城市公园布局公平性评价研究:以重庆巴南区为例[D]. 重庆:西南大学,2017.

[56] 何俊洁. 成都市新都区绿地微空间服务质量评价研究[D]. 成都:成都理工大学,2019.

[57] 宋岑岑. 基于可达性的公园绿地服务公平性研究:以武汉市主城区为例[D]. 武

汉:武汉大学,2018.

[58] 刘倩. 居民需求视角下社区生活圈配套设施优化策略研究:以西安市雁塔区为例[D]. 西安:西北大学,2019.

[59] 丁一. 城市居住社区公共服务设施设置的动态思考[J]. 河南大学学报(自然科学版),2010,40(2):217 - 220.

[60] 吴敏. 基于需求与供给视角的机构养老服务发展现状研究[D]. 济南:山东大学,2011.

[61] 孙瑜康,吕斌,赵勇健. 基于出行调查和 GIS 分析的县域公共服务设施配置评价研究:以德兴市医疗设施为例[J]. 人文地理,2015,30(3):103 - 110.

[62] 孙艺嘉. 武汉市城乡结合部城市公园公共服务评价研究[D]. 武汉:华中农业大学,2016.

[63] 胡红,赖鑫生,谭国律. 基于可达性分析视角的城市公园绿地服务评价与优化[J]. 江苏农业科学,2016,44(12):230 - 235.

[64] 程鹏,栾峰. 公共基础设施服务水平主客观测度与发展策略研究:基于 16 个特大城市的实证分析[J]. 城市发展研究,2016,23(11):117 - 124.

[65] Wei F. Greener urbanization? Changing accessibility to parks in China[J]. Landscape and Urban Planning,2017,157:542 - 552.

[66] 王杰. 城市公园绿地空间布局公平性评价研究[D]. 重庆:重庆大学,2017.

[67] 杨建思,宋岑岑,焦洪赞. 基于可达性测度的公园绿地服务公平性时空分析[J]. 测绘与空间地理信息,2017,40(12):21 - 24.

[68] Xing L J,Liu Y F,Liu X J. Measuring spatial disparity in accessibility with a multi-mode method based on park green spaces classification in Wuhan,China [J]. Applied Geography,2018,94:251 - 261.

[69] 唐子来,顾姝. 上海市中心城区公共绿地分布的社会绩效评价:从地域公平到社会公平[J]. 城市规划学刊,2015(2):48 - 56.

[70] 马玉荃. 面向居民的公共绿地服务水平评价方法:对 1982 年和 2015 年上海市内环内情况的比较[J]. 上海城市规划,2017(3):121 - 128.

[71] 宋秀华. 城市公园绿地社会服务功能评价研究:以泰安市为例[D]. 泰安:山东农业大学,2011.

[72] 姚雪松,冷红,魏冶,等. 基于老年人活动需求的城市公园供给评价:以长春市主城区为例[J]. 经济地理,2015,35(11):218 - 224.

[73] Luz A C,Buijs M,Aleixo C,et al. Should I stay or should I go? Modelling the fluxes of urban residents to visit green spaces[J]. Urban Forestry & Urban Greening,2019,40:195 - 203.

[74] 方家,刘颂,王德,等. 基于手机信令数据的上海城市公园供需服务分析[J]. 风景园林,2017(11):35 - 40.

[75] 龙奋杰,石朗,彭智育,等. 基于手机信令数据的城市公园服务评价[J]. 城市问题,2018(6):88 - 92.

[76] 丁俊. 珠海城市公共空间的使用评价及品质提升研究:基于手机信令数据和公

众调查的分析[C]// 中国城市规划学会共享与品质——2008 中国城市规划年会论文集(07 城市设计). 杭州,2018:807-818.

[77] 王德,钟炜菁,谢栋灿,等. 手机信令数据在城市建成环境评价中的应用:以上海市宝山区为例[J]. 城市规划学刊,2015(5):82-90.

[78] 何丹,金凤君,戴特奇,等. 北京市公共文化设施服务水平空间格局和特征[J]. 地理科学进展,2017,36(9):1128-1139.

[79] 曹阳,甄峰. 南京市医疗设施服务评价与规划应对[J]. 规划师,2018,34(8):93-100.

[80] 姜佳怡. 基于大数据的上海市功能区识别与绿地评价及优化策略研究[D]. 武汉:华中科技大学,2018.

[81] 口袋公园[J]. 北方建筑,2022,7(3):50.

[82] 石楠,王波,曲长虹,等. 公园城市指数总体架构研究[J]. 城市规划,2022,46(7):7-11.

[83] 王忠杰,吴岩,景泽宇. 公园化城,场景营城:"公园城市"建设模式的新思考[J]. 中国园林,2021,37(Z1):7-11.

[84] 中华人民共和国住房和城乡建设部,中华人民共和国国家质量监督检验检疫总局. 城市园林绿化评价标准:GB/T 50563—2010[S]. 北京:光明日报出版社,2010.

[85] 周爱华,张景秋,张远索,等. GIS下的北京城区应急避难场所空间布局与可达性研究[J]. 测绘通报,2016(1):111-114.